大广线开封至通许段高速公路工程交工验收(二)

(房建、绿化、机电工程)

王金山　张　锋　刘现彬　主编

人民交通出版社

内 容 提 要

本书共分为5篇,作为大广线开封至通许段高速公路工程的房建、绿化、机电工程交工验收工作报告的一个汇总,主要内容包括:项目实施执行情况报告、设计工作报告、监理工作报告、交工验收及施工总结报告、交工验收及质量检验报告。

本书可供高速公路建设、设计、施工、监理、质检等方面的工程技术人员参考。

书　　名:大广线开封至通许段高速公路工程交工验收(二)(房建、绿化、机电工程)
著 作 者:王金山　张　锋　刘现彬
责任编辑:高　培
出版发行:人民交通出版社
地　　址:(100011)北京市朝阳区安定门外外馆斜街3号
网　　址:http://www.ccpress.com.cn
销售电话:(010)85285838,85285995
总 经 销:北京中交盛世书刊有限公司
经　　销:各地新华书店
印　　刷:北京市密东印刷有限公司
开　　本:787×1092　1/16
印　　张:6.75
字　　数:170千
版　　次:2009年12月　第1版
印　　次:2009年12月　第1次印刷
书　　号:ISBN 978-7-114-06319-0
全册定价:34.00元

大广线开封至通许段高速公路交工验收(二)
(房建、绿化、机电工程)
编 委 名 单

主　　编：王金山　张　锋　刘现彬

副 主 编：韩　冰　袁冻雷　山　征　常　琳
彭武华　魏会韬　翟　辉　李晓萍
朱　峰　董德全　周春雨　王　贞
刘海军　崔　岿　张展弢　范红侠
白耀磊　石海军　崔　健

编　　委：付红伟　杜闵湘　吴一正　李少秋
杨亚卫　赵　晶　龙彩霞　王华锋
张道民　李　瑞　郝慎晁　郝景辉
曹军保　肖万军　陈　鹏　冯　源
刘光耀　刘少华　刘正超　王立欣

编 稿 人：韩　冰　山　征　彭武华

目　　录

第一篇　项目实施执行情况报告

第二篇　设计工作报告

第三篇　监理工作情况报告

第四篇　交工申请及施工总结报告

第五篇　交工验收质量检测报告

第一篇　项目实施执行情况报告

大广线开封至通许段高速公路沿线房建工程项目实施执行情况报告

一、项目概况

开封至通许段高速公路是大庆至广州国家重点公路的重要组成部分，是河南省境内纵贯南北的又一条重要运输大通道，也是河南省规划的公路网骨架“五纵、四横、四通道”中的一条重要通道。项目位于河南省东部地区，由北向南纵贯开封地区东部。本项目的建设有助于我国南北公路运输大通道的形成与完善，对进一步补充、完善河南省的公路网结构，缓解京珠国道主干线的交通运输压力，增强高速公路网络化，提高区域路网的通达性，发挥国道主干线、国家重点公路干线和省道干线的联网效益具有重要作用。同时，该项目的建设使我国华北、华中与华南的交通联系更加便捷、顺畅，对于发挥河南省的地理优势及区位优势，促进河南省旅游业，以及项目所在区域的经济发展具有重要意义。

开封至通许段高速公路起点与同期实施的大广线开封黄河公路特大桥南接线相接，位于开封县大门寨与家庄之间，起点桩号为 K100 + 000，南距连霍高速公路约 1.8km。自起点向南前行，先后与连霍高速公路、国道 310、陇海铁路、省道 327、日南高速公路、省道 325 等相交，先后跨越惠济河、涡河故道、涡河等河流，在通许县长河洼村东南，到达本项目终点，与大广线扶沟—项城段高速公路起点相接。路线全长 64.228km。

开封至通许段高速公路房建工程包括三处收费站，一处服务区，一处停车区，设计预算批复 5809 万元，建筑安装工程费 4950 万元，设备购置费 690 万元，不可预见费 169 万元。其中：开封东收费站建筑面积 5625.04m^2，1235.72 万元；开封南收费站 1331.59m^2，408.95 万元；开封服务区 6370.86m^2，2305.01 万元；通许东收费站 1411.25m^2，407.62 万元；通许停车区 1887.77m^2，592.65 万元。有完善的供电、照明及交通机电系统。

设计标准根据《高速公路设计技术要求》（DB41/T 419—2005）。

二、建设依据

（1）豫发改办[2004]72 号《关于阿荣旗至深圳国家重点公路开封至通许（市界）段高速公路可行性研究报告的批复》。

（2）豫交计[2003]1057 号《关于阿荣旗至深圳国家重点公路开封至通许（市界）段高速公路可行性研究报告审查意见的函》。

（3）豫交计[2005]44 号《关于阿荣旗至深圳国家重点公路开封至通许（市界）段高速公路房屋建筑工程概念设计的批复》。

（4）豫交计[2006]254 号《关于阿深家重点公路开封至通许段高速公路房建工程施工图设计的批复》。

三、项目实施

项目公司严格按照《中华人民共和国公司法》的规定要求建立，全面落实了项目法人责任制、招投标制、工程监理制和合同管理制，精心组织、严格管理，制定了科学周密的网络施工计划，把工程建设质量作为头等大事来抓，严格贯彻三级质量保证体系，实行层层负责的工程质量终身制和廉政责任追究制。同时，密切结合工作实际，采取面向国内公开招标的方式，择优选择项目工程的施工队伍。通过工程监理负责工程质量。严格合同管理，通过计量支付监督合同实施、建设资金调配、协调地方关系和各标段施工建设。采用以调度会、现场会、工地例会等形式，发挥组织、协调、监督和服务功能，形成了完善的工程建设管理体制，确保项目的建设质量与进度同步，使得工程质量稳步提高。

本项目工程均按照国家相关法律、法规以及省厅相关规定和要求进行公开招标，资格预审、招标工作均在得到批复后实施。

在全过程的各级监督下最终确定中标单位：

设计单位：中国公路工程咨询监理总公司。

监理单位：西安普迈项目管理有限公司。

施工单位：陕西省第七建筑工程公司。

1. 工程质量

百年大计、质量第一，质量是工程建设永恒的主题。自2006年3月份工程全面开工，项目公司深切认识工程建设的重要性，把工程质量当作工程建设的重中之重，牢固树立质量观念，把质量意识贯彻到工程建设管理的全过程。在每月以及工程进展的每个节点组织监理代表对施工单位进行专项检查，依照合同条款规定对完成施工计划、工程质量、安全生产、现场管理等内容认真检查。视其履约完成情况的优劣分别进行奖罚。这些措施对保证工程质量起到了积极的作用。

为保证各种建设、装饰、水电材料的质量，项目公司专门成立了采购部，联合监理实地考察产品质量、生产工艺和质量控制等情况。对不合格产品、达不到设计标准的产品坚决予以清退，真正做到从多渠道保证材料的质量。

2. 合同管理

项目公司对开封至通许段高速公路项目的合同管理工作非常重视，从公司成立伊始就开始制定并逐渐完善了有关合同管理的规章制度。

项目公司在遵循诚实守信的原则下，依照有关法律法规的规定，起草、签订了开通高速公路项目的房建及其他有关合同，并加强了对合同执行情况的监督，确保合同的履行和各项任务目标的完成。

全面落实招投标制度，严把市场准入关，在项目招投标过程中，严格按照公正、公平、科学、择优的原则和法律程序进行招投标工作。在项目工程的招投标过程中，项目公司都会邀请上级监察部门、公证部门全过程参与，加强监督。

3. 施工环境

从工程征地拆迁工作开始，项目公司就充分认识到项目沿线协调工作的重要性和难度，紧紧围绕工程建设，克服困难，从影响建设的重要问题入手，深入工地一线，积极主动到有关部门协调解决征地拆迁和影响施工、干扰等方面的问题，化解矛盾，努力为工程建设创造良好的外部环境。

针对工程建设中个别出现的强装强卸、强买强卖和沿线部分地段治安形势严峻等情况，项目公司在协调外部环境的同时，积极主动请开封市各级政府和公安部门介入本项目的环境治理工作，对治理外部施工环境起到了重要作用。

4. 施工管理

开通高速公路项目自全面开工建设之初，即针对本项目特点，在合同规范要求的基础上制定了更加详细的管理措施。除了对承包人的进场材料、机械设备、施工操作、工艺工序、自检自测、申报手续等方面作出了具体要求，还特别要求各承包人对文明施工、安全生产予以特别重视。公司领导经常深入施工一线，现场办公，集中力量推进难点、重点工程提前进行。房建工程主体完工后，以最快的速度开始室内外装饰装修，确保各站区在 2006 年 11 月 28 日开始正常入驻并营业。

四、其他

为保证项目工程指挥系统的健康发展，项目公司从领导到普通职工，团结奋进、勤于学习、与时俱进，深入施工现场，调查研究，协调环境，解决问题，督促进度，全面服务于工程建设的实施，确保工程建设顺利进行。通过学习、教育、整顿等手段提高干部职工的素质，极大地推进了工程的顺利开展。

为确保项目能够健康、顺利的建设实施，早日为全省人民建成一条放心的高速公路，项目公司还制订了各种廉政制度，以期达到预防工程建设中的贪污、贿赂、渎职等行为的发生，防患于未然。

经过各参建单位的拼搏努力和各级领导的鼎力支持，开通高速公路现已建成且通车试运营，在此对关心、支持我项目建设的各级领导和群众表示衷心的感谢！

大庆至广州国家重点公路开封至通许（市界）段高速公路

房建单位工程质量评定一览表

序　号	工程名称	质量评定	备　注
1	杜良收费站	合格	
2	陈留收费站	合格	
3	朱砂服务区	合格	
4	通许东收费站	合格	
5	练城停车区	合格	
6	朱砂服务区道路硬化	合格	
7	收费大棚、加油站天棚	合格	
8	加油设备	合格	
9	凿井设备	合格	
10	供水设备	合格	
11	污水处理设施	合格	
12	空调设施	合格	

河南开通高速公路有限公司

2009 年 4 月

大广线开封至通许段高速公路景观绿化工程项目实施执行情况报告

一、工程立项

河南开通高速公路的初步设计得到了河南省发展和改革委员会于 2004 年 4 月 26 日以豫发改办[2004]751 文的批复，初步设计总概算为 21.58 亿元。

二、工程概况

1. 工程项目简介

大广线开封至通许(市界)段高速公路是国家规划的大庆至广州国家重点公路河南省境内的一段，也是河南省“五纵四横四通道”公路主骨架中一纵的重要部分，起自开封县袁坊乡小门寨与家庄之间，终点位于通许县玉皇庙镇长河洼村东南的开封与周口两市的交界处，全长 64.228km，概算总投资 21.58 亿元。该项目于 2004 年 8 月开工，2006 年 11 月 28 日已建成通车进行试运营。项目缺陷责任期为 24 个月。

2. 景观绿化工程建设单位

建设单位：河南开通高速公路有限公司

设计单位：西安园林绿化总公司

监理单位：西安公路交大建设监理公司

甘肃新科公路工程监理事务所

施工单位：河南绿金州园林工程有限公司

郑州欣安绿化工程公司

西安园林绿化总公司

3. 工程范围

景观绿化工程主要包括：公路两侧边沟边坡绿化工程、练城停车区绿化工程、通许东收费站绿化工程、石岗互通区绿化工程、朱砂服务区绿化工程、陈留收费站绿化工程、杜良收费站绿化工程和孙寺互通区绿化工程等。

三、项目执行情况

1. 工程招标

本项目景观绿化工程以议标的方式于 2006 年 8 月最终确定施工中标单位为：河南绿金州园林工程有限公司、郑州欣安绿化工程公司和西安园林绿化总公司。其中河南绿金州园林工程有限公司主要施工沿线站点的景观工程，郑州欣安绿化工程公司和西安园林绿化总公司主要施工开封县境内和通许县境内的边坡边沟绿化工程的施工。

2. 合同管理

公司委托第一、第二驻地办为本项目的监理单位，对本项目沿线景观绿化工程进行监理工作。在合同文件中，就监理工程师有义务就工程的进度、质量、计量支付等对业主负责；业主工程部专门设置景观绿化工程师进行管理和监督；监理代表处要求所有的监理工程师做到“严格监理、一丝不苟、秉公办事、热情服务。”业主在与承包商签订的合同文件中要求承包商必须配合业主的工程师和监理工程师的工作；承包商要按施工图、施工规范、施工及监理程序进行施工。经过项目公司、监理工程师、承包商及当地政府部门的共同努力，景观绿化工程顺利开工，并在要求的工期范围内圆满地完成了施工任务。

3. 计量及变更工程管理

依据本项目的程序，承包商每完成一项单项工程，首先由驻地监理工程师进行质量检验，检验合格并签字后才能进行计量申报，经监理代表处审查无误，开具计量支付证书，经项目公司机电工程师审核后，由合同部审批，最后，经公司领导同意后进行计量款的支付。

为保证建设资金的合理使用，公司对变更工程进行了严格审核，按有关的变更程序文件进行办理。项目公司结合有关的文件和要求，在各项目开工前就下发文件明确变更程序，并按文件要求认真遵照执行，使本项目变更工程严格控制在合理的范围之内。

4. 工程质量管理

公司坚持“百年大计，质量第一”的宗旨，提出了“保质量、保工期、不保队伍”的口号，为打造优良工程，不断强化科学管理，以强有力的质量管理措施，确保工程质量稳步提升。由于景观绿化工程的特殊性，我们要求边坡植草全部采用液压喷播的方式进行，并铺设三维网。对于栽植的花草树木要求沿途进行有效地保护，栽植后护理、浇水等工作要及时跟上，保证其成活率。对于已死亡树木在试运营期间进行了补栽补种。

5. 项目管理

由于景观绿化工程工期极度紧张，为实现按期通车的目标，公司合理计划，倒排工期，确保通车。根据剩余的工程量，充分考虑到与其他节点目标的相互配合，合理安排施工进度计划。为确保工程进度按照预定计划进行，根据工程进展程序和所需工期，通过倒排工期的方法，对景观绿化工程明确最终竣工时间，并将其作为不可逾越的最后期限，严格执行。在此基础上，把按计划要实现的各项目标逐步细化到每一个单项工程，实现对工程进度的全过程不间断的监控。

在做好以上工作的同时，公司还开展了以提高工作效率，积极服务工程一线为目标的机关作风建设。要求各部门分工明确，责任到人，做到一切以工程为中心，一切为工程建设服务，高效率快节奏的解决工程中存在的问题，对工地出现的问题不回避，不拖延，工作积极主动。在保证质量的前提下加快施工进度。

6. 工程质量评价

通过两年的试运营，本项目景观绿化工程已经初步达到了一定的高速公路的绿化标准，按评定标准评定为合格。

在两年的试运营结束后，本项目的景观绿化工程已经有了一定的效果，我们将再接再厉，更好地完成以后的工作。

大庆至广州国家重点公路开封至通许(市界)段高速公路

景观绿化单位工程质量评定一览表

序　号	工程名称	质量评定	备　注
1	开封段路侧边沟边坡绿化工程	合格	
2	通许段路侧边沟边坡绿化工程	合格	

续上表

序　　号	工程名称	质量评定	备　　注
3	练城停车区景观绿化工程	合格	
4	通许东收费站景观绿化工程	合格	
5	石岗互通区景观绿化工程	合格	
6	陈留收费站景观绿化工程	合格	
7	杜良收费站景观绿化工程	合格	
8	孙寺互通区景观绿化工程	合格	

河南开通高速公路有限公司

2009 年 4 月

大广线开封至通许段高速公路机电工程项目实施执行情况报告

一、工程概况

1. 工程项目简介

大广线开封至通许段高速公路是国家规划的大庆至广州国家重点公路河南省境内的一段，也是河南省“五纵四横四通道”公路主骨架中一纵的重要部分，起自开封县袁坊乡小门寨与家庄之间，终点位于通许县玉皇庙镇长河洼村东南的开封与周口两市的交界处，全长64.228km，概算总投资21.58亿元。该项目于2004年8月开工，2006年11月28日已建成通车进行试运营。项目缺陷责任期为24个月。

大广高速开封至通许段高速公路原业主为河南海星高速公路发展有限公司，按照省政府及开封市委、市政府的要求，项目建设、运营管理权从2007年8月30日正式开始移交河南省高速公路发展有限责任公司，河南省高速公路发展有限责任公司接管后注册成立了河南开通高速公路有限公司，开始了对项目的运营管理工作和后期的建设竣工验收工作。

2. 机电工程建设单位

建设单位：河南开通高速公路有限公司

设计单位：中国公路工程咨询监理总公司

监理单位：陕西公路交通科技开发咨询公司

施工单位：中咨泰克交通工程有限公司

3. 工程范围

开封至通许段高速公路采用三级的运营体制：第一级为河南省高速公路监控通信中心；第二级为开封至通许段高速公路监控通信分中心；第三级为收费站和服务区、停车区。

全线设置开封北、开封南、通许东共3个收费站；1个服务区、1个停车区。

本路段设一处监控通信收费分中心，设在开封北互通，与开封北收费站合建。

(1)通信系统工程：

①OLT光纤接入局端设备的采购、安装、调试、开通。

②通信站通信设备的采购、安装、调试、开通。

③光电缆敷设、接续、测试、开通。

④紧急电话系统设备的采购、安装、调试、开通。

⑤通信电源及配套系统设备采购、安装、调试、开通。

(2)监控系统工程：

①监控所监控设备的采购、安装、调试、开通。

②外场设备的安装、调试、开通。

③监控系统配套工程。

④全程监控系统的设备采购、安装、调试、开通。

(3)收费系统工程:

①收费监控所和收费站监控室设备的采购、安装、调试、开通。

②收费亭及收费亭内设备的采购、安装、调试、开通。

③收费车道收费设备的采购、安装、调试、开通。

④收费广场、收费监控系统设备的采购、安装、调试、开通。

⑤收费系统配套设备的采购、安装、调试、开通。

⑤CCTV 系统设备的采购、安装、调试、开通。

二、项目执行情况

1. 工程招标

机电详细设计评审由厅计划处、厅联网办、设计院、河南海星高速公路发展有限公司、黄河大桥公司共同参加的评审会于2006年2月26日通过。

建设单位于2006年年初开始进行招标工作,经过资格预审和国内公开性招标,经招标评审委员会评审,并报交通主管部门备案,最终确定施工中标单位为:中咨泰克交通工程有限公司。施工单位进场后同业主、设计单位共同进行了联合设计。

2. 合同管理

公司通过议标的形式确定陕西公路交通科技开发咨询公司为本项目的监理单位,对本项目沿线机电项目进行监理工作。合同文件中要求,监理工程师有义务就工程的进度、质量、计量支付等对业主负责;业主工程部专门由机电工程师进行管理和监督;监理代表处要求所有的监理工程师做到“严格监理、一丝不苟、秉公办事、热情服务”业主在与承包商签订的合同文件中要求承包商必须配合业主的工程师和监理工程师工作,承包商要按施工图、施工规范、施工及监理程序进行施工;承包商项目部的主要人员、机具、设备、检测仪器等必须按时到位;项目经理、总工程师等主要人员离开工地时要按有关制度请假。经过项目公司、监理工程师、承包商及当地政府部门的共同努力使机电项目顺利开工,在工期范围内圆满地完成了施工任务。

3. 计量及变更工程管理

依据本项目的程序,承包商每完成一项单项工程,首先应由驻地监理工程师进行质量检验,检验合格并签字后才能进行计量申报,再经监理代表处审查无误,开具计量支付证书,经项目公司机电工程师审核后,由合同部审批,最后,经公司领导同意后进行计量款的支付。

为保证建设资金的合理使用,公司对变更工程严格进行审核,并按有关的变更程序文件进行办理。项目公司结合有关的文件和要求,在各项目开工前就下发了文件,明确了变更程序,并按文件要求认真遵照执行,使本项目变更工程严格控制在合理的范围之内。

4. 工程质量管理

公司坚持“百年大计,质量第一”的宗旨,提出了“保质量、保工期、不保队伍”的口号,为打造优良工程,不断强化科学管理,以强有力的质量管理措施,确保工程质量稳步提升。

(1)建立质量保证体系,健全质量责任制

公司建立了完善的质量保证体系,成立了以总经理为组长的质量管理小组;监理代表处和施工单位都建立了施工质量保证体系,制定和落实岗位质量规范、质量责任及考核办法,全面推行质量管理,使质量管理工作制度化、程序化、标准化。坚持做到质量体系与生产体系相互独立运作,层层抓落实。

(2)定期召开质量座谈会

对施工中出现的质量问题,由项目公司工程部、质检部、驻地办和施工单位的工程技术人员,进行深入细致的剖析,集体“会诊”,制定解决问题的方案,全面提高工程质量。

(3)加强对监理的管理工作

公司对监理单位的人员资质和资格提出强制性要求,对监理人员的工作经常进行检查、评比,对发现质量问题并督促施工单位及时整改的监理人员进行奖励,对不能尽职尽责的监理提出批评,问题严重的驱除出场。

(4)坚持质量进度奖的检查评比工作

定期进行质量进度奖的检查评比工作,公司使用奖励基金,做到优质优价,优监优酬,表扬先进,激励先进,树立优质样板工程。奖励基金对质量问题的使用实行一票否决。

5. 项目管理

由于机电施工单位进场较晚,工期已经极度紧张,为实现按期通车的目标,公司合理计划,倒排工期,根据剩余的工程量,充分考虑到与其他节点目标的相互配合,合理安排施工进度计划,确保通车。为确保工程进展按照预定计划进行,根据工程进展程序和所需工期,通过倒排工期的方法,对机电工程明确最终竣工时间,并将其作为不可逾越的最后期限,严格执行。在此基础上,把按计划要实现的各项目标逐步细化每一个单项工程,实现对工程进度的全过程不间断的监控。

在做好以上工作的同时,公司还开展了以提高工作效率,积极服务工程一线为目标的加强机关作风建设。要求各部门要分工明确,责任到人,做到一切以工程为中心,一切为工程建设服务,高效率快节奏的解决工程中存在的问题,对工地出现的问题不回避,不拖延,工作要积极主动。在保证质量的前提下加快施工进度。用良好的奖励机制,使施工单位加大投入,勇抓进度,赶超先进,有力地保障了通车目标的实现。

6. 工程质量评价

通过两年的试运行,本项目机电工程运行基本正常,没有出现大的质量和安全问题,按评定标准评定为合格。

机电技术人员现场经验还有不足之处,尚待进一步学习和提高。

7. 工程量计量

机电工程合同金额为 31 667 283.50 元(含 10 000 000 万元供配电照明系统暂定金),变更为 1 566 742.79 元,共分三期计量:

第一期 2006 年 12 月,计量金额 18 090 595.75 元;第二期 2007 年 4 月,计量金额 4 855 678.77 元;第三期 2008 年 8 月,计量金额 287 751.77 元。

计量总金额 23 234 026.29 元,结算金额 23 234 026.29 元。目前已完成所有计量工作。

开封至通许段高速公路机电项目工程于 2006 年 9 月开工,2006 年 11 月底通车开始试运行。机电工程已试运行两年,各项设施运行正常。我们希望各位领导与专家对我们工作中的不足提出批评和要求,帮助我们不断提高,弥补我们的不足,使我们更好地完成下一阶段的工作。

大庆至广州国家重点公路开封至通许(市界)段高速公路

机电单位工程质量评定一览表

序　　号	工程名称	质量评定	备　　注
1	收费、通信、监控	合格	
2	供配电施工	合格	
3	照明工程施工	合格	

河南开通高速公路有限公司

2009 年 4 月

第二篇　设计工作报告

大广线开封至通许段高速公路房建工程设计总结报告

大广线开通高速公路房建工程沿线共有5个站点,分别是:开封东匝道收费站(含管理监控分中心,现更名为开封杜良收费站)、开封南匝道收费站(现更名为陈留收费站)、开封服务区(现更名为朱砂服务区)、通许东匝道收费站、通许停车区(现更名为练城停车区)。

(1)管理监控分中心及开封东匝道收费站,总用地面积20 010m²,总建筑面积4 367m²,建筑占地面积1 789m²,道路广场面积9 396.6m²,绿化面积8 824.4m²,绿化率44.1%。站内办公监控楼共三层,抗震设防烈度7度,设计基本地震加速度值为0.10g,设计地震分组为第一组,本工程建筑设防类别为丙类建筑,计算框架抗震等级为三级,设计合理使用期为50年。基础采用C30混凝土,垫层采用C15混凝土。上部结构:梁板柱均采用C30混凝土,构造柱及门窗过梁等次要构件采用C25混凝土。

(2)开封服务区(东区、西区),总用地面积100 050m²,总建筑面积6 154m²,建筑占地面积3 207m²,道路广场面积76 833m²,绿化面积20 010m²,绿化率20%。站内综合楼共三层,抗震设防烈度7度,设计基本地震加速度值为0.10g,设计地震分组为第一组,计算框架抗震等级为三级,本工程建筑设防类别为丙类建筑,设计合理使用期为50年。基础采用C30混凝土,垫层采用C10混凝土。上部结构:梁板柱均采用C30混凝土,构造柱及门窗过梁等次要构件采用C25混凝土。

(3)开封南匝道收费站,总用地面积4 670m²,总建筑面积1 298m²,建筑占地面积771m²,道路广场面积1 885m²,绿化面积1 983m²,绿化率42.5%。站内综合楼共二层,抗震设防烈度7度,设计基本地震加速度值为0.10g,设计地震分组为第一组,计算框架抗震等级为三级,本工程建筑设防类别为丙类建筑,设计合理使用期为50年。基础采用C30混凝土,垫层采用C15混凝土。上部结构:梁板柱均采用C30混凝土,构造柱及门窗过梁等次要构件采用C25混凝土。

(4)通许停车区,总用地面积12 006m²,总建筑面积1 765m²,建筑占地面积1 765m²,道路广场面积6 999.38m²,绿化面积3 241.62m²,绿化率27%。综合楼一层,抗震设防烈度6度,设计基本地震加速度值为0.05g,设计地震分组为第一组,计算框架抗震等级为四级,本工程建筑设防类别为丙类建筑,设计合理使用期为50年。基础采用C30混凝土,垫层采用C10混凝土。上部结构:梁板柱均采用C30混凝土,构造柱及门窗过梁等次要构件采用C25混凝土。

(5)通许匝道收费站,总用地面积6 670m²,总建筑面积1 435m²,建筑占地面积735m²,道路广场面积3 620.5m²,绿化面积2 314.5m²,绿化率35%。站内综合楼共二层,局部三层。抗震设防烈度为6度,设计基本地震加速的值为0.05g,设计地震分组为第一组,计算框架抗震等级为四级,本工程建筑设防类别为丙类建筑,设计合理使用期为50年。基础采用C30混凝土,垫层采用C10混凝土。上部结构:梁板柱均采用C30混凝土,构造柱及门窗过梁等次要构件采用C25混凝土。

5个站点内主楼均采用现浇钢筋混凝土框架结构,楼面屋面为现浇混凝土。附属建筑为砖混结构,内外墙均为240砖墙,墙体采用MU10多孔黏土砖,正负零以下均采用M5.0水泥砂浆砌筑,正负零以上均为M5.0混合砂浆。

根据甲方的设计合同、交通厅所批准的建筑设计方案、关于阿深国家重点公路开封至通许(市界)段高速公路房屋建筑工程概念设计的批复(豫交计[2005]44号)以及国家制定的现行相关设计规范和通则,我公司于2005年11月组织技术人员进行施工图设计,并在合同期内顺利提交。工程的建设中我公司积极与业主及建设施工单位进行沟通,并派驻设计代表及时给予合理的技术支持,以保证工程建设的顺利进行。在整个施工过程中我公司参与了基础验槽,主体验收以及竣工验收等环节,提出了一些整改意见,都得了很好的实施。整个施工过程中没有出现重大的设计变更。2006年沿线5个站点均顺利投入使用。

通过对整个工程建设中各个阶段的校验情况,我公司的意见是:符合竣工验收条件。

中国公路工程咨询集团有限公司

2009年4月

大广线开封至通许段高速公路景观绿化设计执行情况报告

开封至通许高速公路是大庆至广州国家级重点公路的重要组成部分，全长 64.228km，始于开封县袁坊乡小门寨与家庄之间，终点位于通许县玉皇庙镇长河洼村东南的开封与周口两市交界处，途经一区两县的 13 个乡镇 78 个行政村，共设 3 座大桥、14 座中桥、5 处互通式立体交叉、15 座分离式桥、24 座天桥、6 道涵洞、54 道通道；服务区、停车区、养护工区、监控分中心各 1 处；两条联机线 16.5km（开封东连接线 7km，开封南连接线 9.5km）。该设计方案本着“因地制宜、以人为本”的设计原则，根据河南省《高速公路设计技术要求》和建设单位对景观绿化的意图，从以下几个方面进行了规划设计。

一、设计理念

本设计结合当地的人文历史、地理位置、林地特征、水体特征及气象气候等特点，着眼于可持续发展，用生态和系统的观点指导该高速公路绿化景观设计，将历史文化、景观、人与自然和谐的思想贯穿于每一个设计细节，把高速路绿化纳入整个地区的环境建设之中，坚持近期远期相结合，大、中、小综合考虑，点、线、面合理布局把高速公路的美化与园林建设有机结合起来，因路造景，因景配绿，以绿为主，以美取胜地构建北方园林城市的主体骨架。在高速公路绿化设计中，坚持把“人”放到第一位，努力进行人性化设计，根据人的生活行为规律，心理审美和高速路绿化要求，营造完善的生态型、观赏型、游憩型、知识型等类型丰富的园林高速公路绿地体系。设计时将悠久的开封历史文化融合到系统的景观设计中，使景观成为文化的载体，同时由于人的参与和感悟使文化、景观、人三者设以互动，从而达到历史文化、景观和人三者之间共享、共生、共融，而实现了“优质、生态、和谐、安全”的设计理念。

二、设计目的

以长期稳定、景观优美、经济可行、功能高效为目的，设计合理的植物群落演替方案，使其较快的达到稳定，并能够长期保持生态系统的平衡；合理地规划，使公路人文景观与自然景观相互协调；在有限的资金条件下，优化设计，结合自然恢复和人工种植等多种方法，实施生态工程；保证公路的交通功能，并加强水土保持、视线诱导、标志、指示、防眩、遮蔽等功能。

三、设计构思

1. 互通立交区的绿化

认真贯彻河南省《高速公路设计技术要求》，采用以圃代林的景观绿化模式，在满足绿化美化要求的同时，提高土地综合利用水平，在互通区大环的中心地段，不影响视距的范围内，设计了稳定的树群，常绿与落叶树相交错种植、时代特色种植、美化绿化功能等种植特点。

2. 服务区、收费站的绿化

服务区集加油、修理、餐饮、住宿、娱乐、购物以及广告业为一体，兼有高速路管理的综合区。其绿化设计主要是通过空间划分和植物配置，以建筑物为主体，在传统的园林艺术基础上，结合现代园林表现手法，以庭院绿化形式为主，现代形式结合局部自然式栽植。线条流畅、舒缓的剪形绿篱突出时代气息，局部的自然式植物配置便于服务区的人们近观品味。观赏价值高的乔木和灌木，衬托出建设物的建筑美和艺术效果。

3.路侧行道树的绿化

在公路用地范围内栽植花灌木，在树木光影不影响行车的情况下，采用乔灌结合的种植方式，形成垂直方向上郁闭的植物景观，空间围合较好，绿量大，改善生态环境效果好（这种形式为主要设计方式）。

4.植物组织

设计上选择了树形优美、树冠丰满的乡土树种，乔木灌木搭配协调，不但能够更好地实现景观效果，而且为以后的养护奠定了基础。

此设计方案经过了三年的施工，在没有改变设计原则和建设单位意图的基础上，对设计方案部分内容进行了合理化变更，现设计区域内各种植物长势良好，景观效果突出，已达到了历史文化、景观和人三者之间共享、共生、共融，体现了优质、生态、和谐、安全的设计理念，实现了长期稳定、景观优美、经济可行、功能高效的设计目的。

西安园林绿化总公司

2009年4月

大广线开封至通许段高速公路
机电工程设计执行报告

一、监控系统

本路在开封东互通附近设有1个监控分中心，即开封东监控分中心，负责本路全线的监控管理。

监控分中心设备包括，计算机系统硬件及软件、闭路电视监视设备、投影设备、综合控制台等。

外场设备包括，车辆检测器、大型可变信息标志、小型可变信息标志、能见度检测器、彩色遥控摄像机等。

监控系统由四个子系统构成：交通控制子系统、闭路电视监视子系统、路侧紧急呼叫系统、指令电话子系统。上述四个子系统既是独立的子系统，各系统之间又相互联系，避免由于某子系统出故障而影响其他子系统的运行。

1. 交通控制子系统

交通信号控制主要是用于协助疏导交通、给司机提供信息。

(1)交通检测部分

在每个互通两侧分别布设一套车辆检测器，主要用于交通量、平均车速、占有率等交通参数的检测，并判断路段的运营情况。

(2)交通信号控制部分保证道路畅通。

在孙寺枢纽互通上下行出口处、吴楼互通上行出口处、石岗枢纽互通上下行出口处各设置1块大型可变信息标志。在孙寺枢纽互通上行入口处、开封南互通上下行入口处各设置1块小型可变信息标志。

在开封南互通附近设置能见度检测器1套，用于能见度参数的检测、采集。

(3)系统结构

系统结构：本系统由监控分中心计算机系统、外场设备以及传输通道等组成。外场设备通过通信系统提供的通道连接监控分中心计算机网络。外场设备提供交通信息，执行监控分中心的控制命令。

系统运行：通过检测交通状况，根据运算可得出有关交通参数，采用相应的控制方案。

2. 闭路电视监视子系统

在沿线、服务区、停车区共设置彩色遥控摄像机40台，每个匝道收费站也将选择上传4路图像到监控分中心，监控分中心上传4路图像到省监控中心。

图像监视用于对互通区域、路线交通状况以及服务区的停车状况等进行监视同时辅助监视能见度。

系统结构：本子系统由监控分中心闭路电视监视设备、外场摄像机以及传输通道等构成。

监控分中心配有彩色监视器及120寸大屏幕投影系统,保证可对路段所有图像进行切换显示,并可对所有监视器画面进行录像。

3. 路侧紧急呼叫系统

主线不设紧急电话,监控分中心设置了路侧紧急呼叫系统控制台,24小时值班电话,并向当地公网申请特服号码或用户号码(连选多个用户线),司乘人员在主线遇紧急情况时可利用手机通过公网向恩施监控分中心求助。为便于呼叫者拨打号码及协助定位,本路的安全设施、监控发布设施、收费卡等需配合发布呼叫号码及公里标。

路侧紧急呼叫系统控制台设备应具有数字录音、自动排队、语音应答等功能。

4. 指令电话子系统

指令电话控制台设置在监控分中心。

二、收费系统

本工程将纳入全省联网收费系统,全线设3处匝道收费站,收费方式为"人工判型,人工收费,计算机管理,视频监视,检测器校核"的半自动方式,货车按载重量分级,实行计重收费,通行卡采用非接触式IC卡。

开封至通许高速公路起点与黄河大桥顺接,进而与濮阳至开封高速公路相接,终点与扶沟至西华高速公路顺接。

全省高速公路收费系统管理体制按三级实施,即省收费结算中心—收费分中心—收费站。本路段范围内收费系统采用两级管理,即收费分中心和收费站。收费分中心负责本路段收费业务的管理。收费站作为基层管理单位,直接从事收费业务。

目前河南省多采用分站管理模式,本设计也推荐采用分站管理模式。

本路纳入河南省高速公路联网收费系统,收费应用软件全省统一。

收费系统由收费车道设备、计算机系统、视频监视系统、内部对讲和安全报警系统、收费附属设施(传输介质、电源、设备保护系统、配电箱、控制台等)构成。

收费道路的收费制式分为三种:封闭式、开放式和混合式。随着河南省高速公路的发展,全省高速公路网已具有一定规模,联网收费将会是必然的趋势,因此本路段收费制式采用封闭式收费。

联合统一封闭式收费制式收费站的设置原则为:在出入封闭区域路线的起终点设置主线收费站,与高速公路相交的互通立交枢纽不设收费站,在与其他一般道路相交的互通立交处设置匝道收费站,以便封闭式收费。综上所述,本路段共设3处匝道收费站。

开封至通许高速公路收费系统设计主要包括下列项目:

(1)收费车道设备,包括:收费员终端、车道控制器、票据打印机、非接触式IC卡读写器、雨棚信号灯、手动栏杆、自动栏杆、通行信号灯、黄色闪光报警器、雾灯、称重显示屏、车辆检测器、计重收费设备及必须的附属设备(视车道类别不同,设备也有所差异)。

(2)收费计算机系统硬件,包括:收费站计算机系统和收费分中心计算机系统两级,主要包括服务器、工作站、以太网交换机、激光打印机、喷墨打印机、光盘机、路由器等。

(3)收费系统软件,包括:收费站和收费分中心计算机系统的操作系统、数据库以及完成本系统功能的全部应用软件、测试软件等。

(4)收费视频监视系统,包括:外场设备、监视控制设备和传输设备三部分。外场设备主要有广场摄像机、车道摄像机、收费亭摄像机、拾音器、视频数据叠加器等;监视控制设备设于各收费站机房，包括数字硬盘录像机、工作站等；传输设备主要有视频复用光端机。

(5)收费站与各收费亭的内部有线对讲系统。

(6)收费站与各收费亭的安全报警系统。

(7)收费附属设施，包括电源、配电箱、设备保护系统、传输介质（电力电缆、信号电缆、光缆）、设于收费控制室内的控制台、活动椅等。

(8)收费车道、收费站、分中心设备的安装材料。

三、通信系统

根据管理体制的要求，阿深高速公路开通段通信系统分为三级：

(1)河南省高速公路通信中心，设在郑州市，不含在本工程范围，只考虑联网需求。

(2)开通段通信分中心设在开封东收费站处，为有人通信站。

(3)无人值守通信站（设在沿线的其他收费站、服务区、停车区内）。

光纤数字传输系统是为本路沿线设施之间的话务通信以及监控、收费系统的数据、图像等非话业务提供传输通道。

光传输系统采用SDH光同步数字传输系统与综合业务接入系统相结合的方式，干线SDH设备采用STM-4等级，传输速率为622Mb/s。在本路通信分中心设置分插复用设备ADM-622一套，设6个622Mb/s光接口，分别接黄河大桥监控所、连霍郑开路开封通信分中心及阿深路扶西段通信分中心，采用(1+1)链状保护方式，占用四芯光纤。由于本路距阿深路扶西段通信分中心较远，所以在通许停车区设置STM-4等级REG中继器一套，设4个622Mb/s光接口。

综合业务接入网系统在本路通信分中心设置光纤线路终端OLT设备一套，容量为390线，在沿线四个无人通信站（开封南收费站、开封服务区、通许收费站及通许停车区）设置光网络单元ONU设备各一套，容量分别为90线、120线、120线和60线。OLT和ONU之间用四芯光纤相连，ONU之间用两芯光纤隔站相连构成自愈环。综合业务接入网的传输平台为STM-4等级，速率为622Mb/s。

全系统设有人通信站一处，即在开封东（K104+600）设阿深路开通段通信分中心1处。在开封南收费站（K117+450）、开封服务区（K130+600）、通许收费站（K146+370）、通许停车区（K152+600）设无人通信站共4处。

本路程控数字交换系统由开通通信分中心设置的一套数字程控交换机及若干用户（沿线各管理设施内）组成，以完成本局的话务接续与出入局的话务接续。

阿深路开通段通信分中心交换机与相邻通信分中心交换机之间设置直达电路进行中继联网，阿深路开通段通信分中心交换机与连霍郑开路开封通信分中心交换机之间设置基干电路进行中继联网（通过郑开路开封分中心接入河南省通信中心）。

交换机配备计费终端用于网内用户呼叫市话网内用户时计费，也可用于专网内用户计费。

阿深高速开封至通许段沿线的通信电源系统应配置电源网管系统，电源网管系统的监控终端设在开通通信分中心内。无人站电源设备应配备监控模块，负责采集本站电源设备运行信息，并把采集到的电源设备运行状况信息利用传输系统提供的通路传到开通通信分中心的电源网管维护终端。开通通信分中心为光传输系统ADM-622设备、程控交换机以及综合业务接入网光线路终端设备OLT提供-48V直流供电的高频开关组合电源一台。电源工作容量为60A，并配备48V/150AH全密封阀控铅酸蓄电池组2组，交流电停电时为通信系统设备提供不小于10小时供电。在每个无人通信站，高频开关电源系统负责为ONU设备供电。高频开关电源的工作容量为 - 48V/20A。另外在每个无人站配置 1 组 48V/100AH 的阀控式全密封铅酸蓄电池组,供通信设备在交流断电的情况下正常工作。

通信管道采用硅芯管,敷设在中央分隔带内。

中国公路工程咨询集团有限公司

2009 年 4 月

第三篇　监理工作情况报告

大广线开封至通许段高速公路房建工程项目监理工作情况总结

我单位在承担大广高速公路开通段房建工程的监理服务业务以来，按合同规定在现场组建了项目监理部。项目监理部全体监理人员在总监的带领下，施工监理过程中严把工程质量关，控制工程进度和工程投资，加强合同管理，圆满完成了监理合同文件中规定的监理任务，现将大广高速公路开通段房建工程的监理工作情况进行汇报。

一、工程概况

本项目工程为大庆—广州国家重点高速公路开封—通许（市界）段高速公路房建工程。其位于大广高速公路开通段两侧，沿全长64.228km分三个收费站即开封南收费站、监控中心东匝道收费站和通许收费站；一个服务区；一个停车场共五个点，总占地面积约为16万m^2。其中收费站包括收费站、泵房、锅炉房、配电室、车库、门卫室及道路广场；服务区、停车场分为东西两区，包括综合服务楼、泵房、锅炉房、配电室、维修车间、加油站、卫生间及道路广场围墙。该项目房建工程以综合楼为主由多个单体工程组成，建筑总面积约为1.8万多平方米。综合楼为框架结构，共4层，其余为砖混结构。本项目工程建筑场地类别为Ⅲ类，抗震设防烈度为7度（丙类设防），抗震等级为3级，结构安全等级2级。

二、监理组织机构、监理人员和投入的监理设施

1. 项目监理机构岗位设置示意图

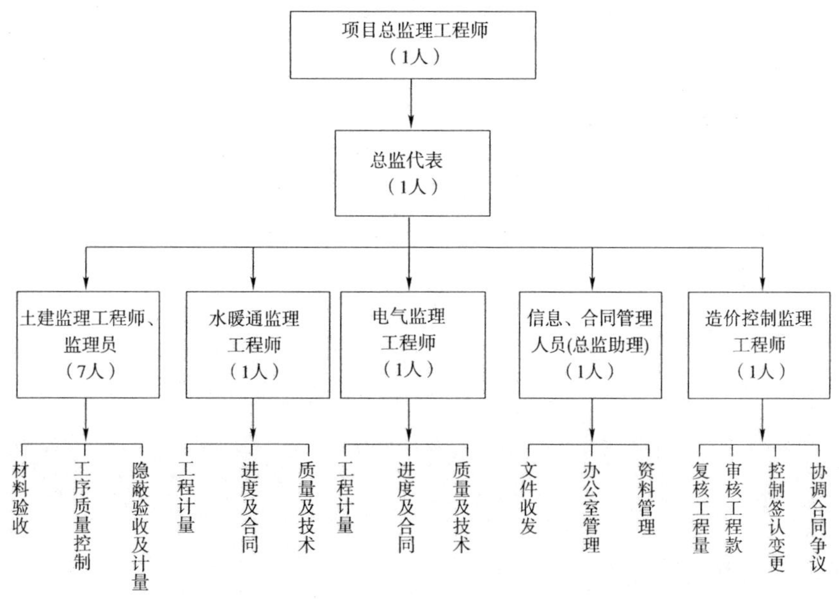

2. 人员配置及监理设备

2.1　总监理工程师

依照监理规范要求及公司 ISO 9001—2000 版标准,建立以总监理工程师为首的项目监理处,全面履行监理合同赋予的职责和义务,对安全及工程质量、工程进度、合同价款的支付审核确认全面负责;总监理工程师代表监理公司在现场处理项目实施中的质量控制、进度协调、安全管理、合同管理以及各类变更签证、工程进度款确认等管理业务。

在总监理工程师的组织领导下,现场设总监代表常驻工地负责日常工作,同时配土建、水、暖、电气安装等专业监理工程师,分别负责各专业的质量、进度、投资、安全,造价预算、月进度付款审核。配置信息、资料、合同、安全等管理人员,负责信息管理。

各专业监理工程师按设计图纸、技术规范标准以及我公司的第六版质量管理体系文件要求,对本项目的施工质量、进度计划、月进度工程量确认等实施控制,确保本项目的质量目标实现。

2.2　监理机构各专业人员配置表(见表 1)

表 1

序号	姓名	年龄	职　务	职　称	专　业	注册等级
1	唐守全	39	总监	高级工程师	土建/结构	国家级证
2	张建平	43	总监代表	高级工程	土建/结构	国家级证
3	陈鹏	32	专业监理	工程师	土建/造价	省级证
4	和明堂	51	专业监理	工程师	建筑/结构	省级证
5	郝慎晁	29	专业监理	工程师	土建/结构	省级证
6	杨江涛	28	专业监理	助工	土建/结构	上岗证
7	韩建玉	59	专业监理	工程师	电气/安装	省级证
8	钟帮平	42	专业监理	工程师	通风/水暖	省级证
9	马勇	23	监理员	助工	建筑/结构	上岗证
10	李小征	24	监理员	助工	建筑/结构	上岗证
11	马建	21	合同、信息	助工	资料/土建	上岗证

2.3　监理设备(见表 2)

表 2

序　号	设备名称	数　量
1	电脑、打印机	1 台/套
2	日本柯尼卡数码相机	1 台
3	全站仪	1 套
4	水准仪	1 套
5	钢尺	10 把
6	塔尺、靠尺、直尺等	1 套
7	轿车	2 辆

三、监理内部制度

工程项目监理部制定以下制度:

1. 总监理工程师岗位责任制
2. 专业监理工程师岗位责任制
3. 监理员工程师岗位责任制
4. 监理人员职业道德守则
5. 现场监理人员工作承诺
6. 监理“十不准”
7. 考勤制度

各监理人员严格按照上述条例执行，参建单位的其他相关人员对每个监理人员进行监督，如发现违反上述条例的，将对相关责任人给予相应的处理，保证监理工程严格按照公平、公正、科学的态度顺利开展。

四、工程质量、安全控制

工程开工前，仔细审阅了施工单位的资质及人员岗位资格，参加了建设单位组织的图纸会审及技术交底等工作。对施工单位提交的施工组织设计、技术方案、施工进度计划等作了详细的审查并提出了修改意见。现场监理机构人员在熟悉图纸的基础上结合本工程特点，制定了本工程的监理方案，编写了监理规划和各专业监理实施细则，并编制了安全监理作业指导书、见证取样制度、旁站监理制度，使全体监理人员明确了本工程的特点、目标和应采取的监理手段及方法。

在施工过程中，对工程进行了质量、安全、进度、投资的控制，重点进行了质量和安全控制，在现场监理中对材料、资料和施工过程等都进行了严格把关。对于进场材料，严格执行报验、见证取样、复试制度，发现不合格材料及时下发监理工程师通知单，责令立即退场，杜绝了不合格材料在工程中的使用。在施工中采取了巡检、平行检查、旁站的监理方式进行过程控制，同时严格执行工程报验制度，对已完成的工序，施工单位自检合格后以书面材料进行报验，监理人员进行验收，发现不合格及时下发监理工程师通知单责令其整改，整改完成后监理进行复验，验收合格方可继续施工，从而保证了工程质量，并及时对资料进行签认，同时实现了对工程质量及资料的双重控制。对现场安全管理，按安全监理作业指导书采取定期检查和不定期的抽查等方式严格控制，发现安全隐患及时下发监理工程师通知单责令限期整改，不整改或整改不到位的下发局部停工令，直至整改到位，保证了施工安全。在监理过程中定期组织监理会，在会议上重点解决施工中存在的工程质量、安全、进度等方面问题，针对重点问题采取召开专题监理会议重点解决，并对以后可能出现的问题及时提出，讨论解决方案，争取最大限度地减少或避免问题的出现，从而保证工程目标的实现。

五、合同与进度计划的管理

要求施工单位提交总体进度计划，监理工程师根据工期和时间安排进行了审查，提出合理化建议并要求有施工进度保证措施，修改后形成符合合同工期的合理进度计划，然后根据总进度计划编排月进度和周进度计划。在施工过程中对于发现与进度计划滞后的情况，及时分析原因并调整月和周计划，采取措施把施工进度赶上。虽然工程在中期因资金问题中断施工近一个月，但各参建单位共同努力，采取相应措施，最终房建工程按业主要求时间进行了交工。

六、计量支付及造价的控制

在投资控制的方面上，制定计量与支付程序，建立了工程计量台账，把合同、图纸、技术规范、施工记录及工程变更作为计量工作的重要依据，结合现场实测实量的手段，严格控制计量数据准确无误，保证业主及承包商的利益不受损害。承包人在提出工程中期计量时，要向监理工程师提交工程款支付申请、工程量清单及有关监理要求的其他资料，以上资料在监理工程师确认无误后报计量工程师复核，计量工程师核实无误后由总监理工程师签发工程款支付证书。工程变更按管理办法的要求，对需要变更的项目严格按照规定进行申报，并做好变更记录。

七、竣工资料整理

本工程的验收资料、管理资料、变更资料、工程款支付等资料完整、准确，能真实反映施工的全工程。

八、对建设单位、设计单位和施工单位的评价

本工程的建设单位、设计单位和施工单位严格按照法律、法规、规范、合同等规定进行执行，履约。

九、经验总结

本工程项目工期短、要求严、标准高、难度大、监理工作强度大，对于项目全体监理人员是个考验和锻炼。在工程期间每位监理人员都全身心地投入到工程，积极配合工程的施工。在施工过程中严格控制质量、进度、安全及投资，使工程质量达到了规范要求，按时进行了交工，安全实现了零事故。回顾整个项目监理工作虽取得了很大的成绩，但也有不足之处。总之，对于一个工程项目要想按期、保质、保量完成任务，必须组织一支技术全面、经验丰富、团结务实的项目监理处，提前作出合理化建议并制定切实可行的措施、方案，做到事前、事中控制，才能经济、高效地完成各项施工任务，向业主交出一份完整、合格的答卷。

西安普迈项目管理有限公司

2009 年 4 月

大庆至广州国家重点公路
开封至通许段绿化工程监理工作情况总结

（第一驻地监理办公室）

一、工程概况

1. 概述

开封至通许段绿化工程位于开封市，本工程与同期实施的大广线开封黄河公路特大桥南接线相接，位于开封县大门寨、家庄之间，起点桩号为 K100 + 000，路线走向呈南北向，先后与连霍高速公路、国道 310、陇海铁路、省道 327、日南高速公路、省道 325 相交，在通许长河洼村东南与大广线扶沟—项城段高速公路的起点相接，监理路线长：30.284km。

2. 工程规模及完成情况

01 合同段 K100 + 100 ~ K130 + 284。路线长 30.284km，完成了路侧填土与整平施工。景观绿化有孙寺立交互通区、开封东立交区、开封南立交区。绿化场地平整 29.71 公顷，经过 2006 年 10 月至 2008 年 4 月定植、补栽，至验收时存活的金丝柳、垂柳、白蜡、桧柏等树种 21 445棵、并建苗圃 13163m^2。

3. 工程建设三方

建设单位：河南开通高速公路有限公司

施工单位：河南绿金洲园林工程有限公司

监理单位：西安公路交大建设监理公司

二、监理机构概述

1. 监理公司简介

资质说明及主要业绩：

西安公路交大建设监理公司成立于 1992 年 11 月，是交通部公监字（1995）250 号文批准的具有甲级监理资质的社会监理单位，监理资质等级证书号：交工监（总）证字第 107 号。2000 年 8 月、2002 年 11 月和 2004 年 11 月三次经交通部资质复查为合格单位，批准文号为：交质监总字[2000]147 号和交公路发[2002]523 号及关于华宁交通工程 15 家监理单位资质复查合格的通知。2004 年交通部关于公布通过公路工程监理资质审查单位名单的通知（交公路发[2004]337 号）批准为交通工程临时乙级。2002 年 5 月，公司已通过 ISO 9001:2000 国际质量管理体系认证。公司主管机关为长安大学（原西安公路交通大学、西安工程学院、西北建筑工程学院）。

本公司的宗旨在于发挥学校的教学、科研、技术、设备和人才优势，积极主动地为国家的经济建设服务，尤其是为公路交通建设服务。通过参与市场的公开、公平、公正的竞争，扩大社会联系，加强技术合作与信息交流，实现产、学、研的紧密结合，增强办学活力，改善办学条件，促进公路交通教育事业的发展。

公司依托和拥有学校强大的技术力量优势，并具有国内一流与国际先进水平的试验检测仪器设备及计算手段。学校在公路、桥梁、隧道、国土资源、建筑、环保、交通工程等方面的研究处于国内领先地位。

公司成立前，从1987年就率先在国内承担公路工程监理项目。公司现有工程技术人员220人，其中高级职称81人，中级职称111人；已取得交通部注册监理工程师和专业监理工程师资格证书的有171人，陕西省注册监理工程师和专业监理工程师19名。

经过十多年的发展和监理实践，这支监理队伍已具备了较丰富的监理知识和经验，已在国内完成了60多项公路、桥梁、隧道、交通、绿化工程的项目监理，得到了业主的普遍公认与信赖，连年获得业主、交通主管部门和省政府的嘉奖，取得了良好的社会效益和经济效益。

主要业绩：西安咸阳机场专用公路监理（获陕西省政府通令嘉奖）、广州—深圳—珠海高速公路监理（集体立功嘉奖）、江苏宁—连高等级公路监理（获优质监理单位）、山西太原—旧关高速公路监理（获集体二等功臣嘉奖）、河南郑州—周口二级公路监理（获荣誉证书奖）、京沪高速公路山东化—临段监理（先进单位）、京沪高速公路河北沧州段（先进单位）、陕西绛帐—法门寺—汤峪一级汽车专用线监理（先进监理单位）、GZ35线宁夏古窑子—王圈梁高速公路监理（先进单位）、西安北绕高速公路监理（省政府通令嘉奖）、西安南绕、GZ40线勉县—宁强、GZ40线西安—户县（先进单位）、GZ40线山西新广武、GZ25线宁夏桃（山口）—同（心）、宁夏中郝、宁夏银武等高速公路的路基工程、路面工程、交通工程、绿化工程监理（先进单位）。

公司自1999年3月以来先后承担了宁夏回族自治区古王、中郝、银古、桃同、银武等条高速公路的施工监理，并圆满地完成了监理任务，在2003年11月25日宁夏回族自治区高速公路通车500km庆典大会上，荣获宁夏回族自治区人民政府（宁政发[2003]108号文件）授予的“突出贡献奖”。

在甘肃省天北快速干道市政工程施工监理中，公司荣获甘肃省建设厅（甘建工[2003]264号文件）授予的甘肃省建设工程质量最高奖“飞天奖”。

2. 驻地监理机构组建

西安公路交大建设监理公司委派驻地监理人员1名，现场监理1名。按业主要求及监理服务合同的承诺，监理单位于2006年9月进驻开封至通许段绿化工程的现场。

3. 监理机构设备

监理办公设备及测量仪器设备按照监理服务合同之承诺基本到位。

三、工程监理成效及合同执行情况

1. 工程监理依据

(1)国家有关政策、法律和法规。

(2)本工程监理合同和施工承包合同。

(3)《城市园林绿化工程施工及验收规范》。

(4)《公路绿化技术规范》。

(5)本工程的设计文件及设计图纸等。

2. 监理内部管理

在监理工作中制定的工作职责：驻地监理工程师职责；测量工程师职责；合同计量工程师职责；旁站监理职责；监理廉政工作准则；档案管理制度；监理月报制度；变更审批制度；工地例

会制度;考勤制度。

监理单位本着“严格监理,热情服务,秉公办事,一丝不苟”的原则,按照监理合同的要求,根据适合的专业技术规定和国际惯例公认的行业工作准则,谨慎而勤奋地履行监理服务,在重要工序施工中,监理人员实行全过程旁站,具备高度服务热情,满足了工地工作需要。监理人员离开工作岗位,须办理请假手续,经业主批准。

3. 质量控制情况

(1)本工程开工后,监理组人员按照合同文件规定严格监理,积极开展监理工作。

(2)抓好对承包单位自检体系的控制。

(3)监理组严格审核了施工单位的施工组织设计及开工报告并提出了监理要求根据合同条款和技术规范,编写了该工程的监理文件:《大广线开封至通许段绿化工程监理实施细则》。确定了该工程的各个单位工程、分部工程及分项工程构成,质量标准及评定办法。

(4)监理人员对进场材料(苗木)等及时抽样检验,严格把握苗木材料质量关,施工单位的所有苗木材料进场前对苗木的名称、规格、数量、产地等都要报监理工程师检查认可后,方可使用。对不合格苗木材料,监理都坚决要求清退出场。

(5)现场监理人员对各道工序施工进行了巡视或旁站,抽样检验工序与工艺质量控制,填写监理日志,每道工序完工自检合格后,监理工程师都对现场质量检验报告单及原始记录进行检查验收和签认,对不合格的工序指示承包人进行缺陷修补或返工,前道工序未经检查认可,后道工序不得进行。

(6)路侧绿化分项工程开工前,首先审核承包人的施工顺序图,安排好选苗、种植带填土、挖掘移植、土球盘根、运输装卸、坑穴放样和挖掘、定植填土、绕杆、打支撑、浇水、施肥、除草、防治病虫害等各个施工环节。督促施工单位选择肥沃、疏松、排水良好的种植土壤,栽植土的 pH 值应控制在 6.5 ~ 7.5。督促施工单位按图纸采购苗木并进行验收,对不符合规格的苗木一律清退。督促苗木要就近采购,尽量保证当天挖掘当天种植。督促施工人员对苗木进行适当修剪,保留骨架。督促施工单位在种植时,土球经初步覆土塞实后,分层填土,分层夯实,保证浇足第一次水。督促并指令施工单位做好绕杆,打好牢固树木支架;督促施工单位做到及时除草;督促施工单位及时打药治虫。督促施工单位加强绿化工程后期养护管理,确保绿化苗木成活,生长良好。

(7)及时做好监理资料并督促施工单位及时做好施工资料,确保资料真实、可靠、及时、准确。

(8)工程质量监理抽检评定情况,质量等级优良。

4. 工程进度控制情况

(1)进度控制依据:施工承包合同规定的合同工期、开竣工日期以及设计变更。

(2)根据合同条款及业主要求的计划与进度,驻地监理组对工程施工期限及进度绘制图表,对承包人工程施工的计划与进度严加督促,并要求承包人每月上报本月的工作计划,并对照上月的计划考核施工单位对计划的完成情况,以控制施工按计划执行。

(3)根据合同条款及业主要求的计划与进度,驻地监理组对工程施工期限及进度绘制图表。

(4)及时审查施工单位提交的施工总进度计划及计划的保证措施等,对承包人工程施工的计划与进度严加督促。

(5)督促承包人全面做好开工准备工作,检查工程开工条件。

(6)协助施工单位分解进度计划目标,实施进度计划,每日检查现场的工程形象进度,并将阶段性检查纳入监理日记。

(7)要求承包人每月上报本月的工作计划,对工程进度计划进行核查,对实际进度计划和计划进度进行对比,并对照上月的计划考核施工单位对计划的完成情况,以控制施工按计划执行。

(8)对工程进度的评价:工程施工能按业主要求准时开工,工程实际施工进度与施工总进度计划基本相符。

5. 合同管理情况

(1)工程变更:变更履行严格的审查审批手续。

(2)工程分包情况:经检查本项目工程未发现分包现象。

(3)承包单位的保险种类齐全,保险数额与实际价值相符,保险有效期符合合同要求。

6. 计量支付与造价控制情况

(1)工程计量款支付控制是质量和进度控制的重要约束手段。在本次绿化工程中,首先由现场监理做好中间计量,在规定的时间内对图纸数量和清单数量进行核算,根据合同规定进行现场计量,对不属于计量范围、未验收、不合格、资料不全的项目坚决不予以计量。

(2)对不合格的工程不予计量,在月度计量过程中,监理每次都要求承包人提供计量支付的原始资料,工程计量支付月报的报表,现场监理人员会同承包商现场核实后,监理工程师签发支付凭证,报业主支付。

(3)计量支付与造价控制的措施按以下内容进行:按合同文件规定的方法、范围、内容和单位计量,按监理工程师同意的计量方法计量,分项工程进行中间计量时,必须有中间交工证书。质量不合格的不予计量;不符合合同文件要求的工程,不予以计量,一切计量工作都应在监理工程师在场的情况下,由承包人测量、记录,经监理工程师审核签字,原件由承包人妥善保存。

7. 安全生产管理情况

(1)监理办公室着手加强对施工人员进行安全意识教育,时刻把“安全第一”的思想和理念放在首位,同时从各方面加强安全设施配置的情况检查。由于大家的努力,本工程项目没有发生大的安全事故。

(2)督促承包人施工人员做好施工安全教育记录、安全交底记录、安全台账、安全施工日记等。

(3)检查承包人机械传动防护、安全交通提醒标志、安全交通引导标志、标牌设置等。

(4)督促承包人在运输苗木时,不要超宽超高,绑扎牢靠,行驶速度平稳。装卸苗木时,要有专职专人指挥交通。

(5)对施工安全生产的评价:施工安全控制尚好,未发生一例安全生产事故。

8. 环境保护管理情况

(1)制定监理办环境监理职责和环境保护监理制度。

(2)做好环境保护巡视记录,对发生的环境隐患指令整改。

(3)针对本工程土方运输、土方填筑、土方平整、苗木装卸过程中的落土在路面上的情况,要求在施工过程中,跟班专人进行清扫。

(4)在种植土的杂物清理施工中,督促施工单位做到拣出的建筑垃圾及时清理,集中填埋;在施工过程中尽量不把土撒入排水沟中,督促施工单位做到及时清除,避免水土流失。

四、对施工单位、对建设单位的评价意见

1. 对施工单位的评价意见

(1)施工单位能按有关施工规范和操作规程施工,在施工中监理发现的质量问题,经监理工程师指出后,承包人能进行改正。

(2)能按照监理程序进行施工,每道工序结束后,经监理验收合格后才进行下道工序施工。

2. 对建设单位的评价意见

建设单位对监理工作给予了大力支持,为监理工作创造了良好的监理环境。

五、对本工程项目的监理工作体会

(1)一项工程监理成果的取得与上级领导和建设单位的支持是分不开的,监理成果的最终取得还必须赢得施工单位的配合,在实际监理工作中,要不断培养协调各种人际和事务的能力,做到以人为本,以真情感人,以真理说服人,这样监理工作才能得心应手。

(2)工程施工监理人员必须具有高尚的职业道德和高度的责任感,工作中要精益求精,以工作质量来保证工序质量,要经常深入工地现场,了解工程最新动态,及早发现施工中的问题,及时通知并得到解决,事前有预测和导向、事中有观测和调整、事后有反馈和结论的全方位质量控制。

(3)要搞好监理工作,必须坚持“严格监理、热情服务、秉公办事、廉洁自律”的原则,并制定一套与时俱进、行之有效的监理细则,使监理工作进入规范化、制度化、科学化的轨道,工程监理服务工作才能做得更好。

(4)随着工程中新知识、新材料、新工艺等的不断涌现,要加倍努力学习,充实自己的头脑,更好地完成业主委托的监理工作任务。

各位领导、专家、同行,大广线开通段高速公路绿化工程已按照施工招标文件和设计文件的要求完成整个工程施工任务,质量符合《城市园林绿化工程施工及验收规范》等的要求,施工单位的质量检验资料基本齐全,外观质量基本符合要求。

西安公路交大建设监理公司

第一驻地监理办公室

2009 年 4 月

大庆至广州国家重点公路
开封至通许段绿化工程监理工作情况总结

（第二驻地监理办公室）

一、工程概况

1. 概述

开封至通许段绿化工程位于开封市，本工程与同期实施的大广线开封黄河公路特大桥南接线相接，位于开封县大门寨、家庄之间，起点桩号为K130+284，路线走向呈南北向，先后与连霍高速公路、国道310、省道327、日南高速公路、省道325相交，先后跨越涡河故道、涡河等河流，在通许长河洼村东南与大广线扶沟—项城段高速公路的起点相接，监理的路线长：33.684km。

2. 工程规模及完成情况

02合同段K130+284～K154+550，K154+810～K164+228路线长33.684km，完成了路侧填土与整平施工。景观绿化有通许服务区、通许收费站、石岗互通区。绿化场地平整26.82公顷，定植补栽，至验收时存活的金丝柳、垂柳、白蜡、桧柏等树种22 121棵、并建苗圃13 653m^2。

3. 工程建设三方

建设单位：河南开通高速公路有限公司

施工单位：西安市园林绿化总公司

监理单位：甘肃新科公路工程监理事务所

二、监理机构概述

1. 监理公司简介

甘肃新科公路工程监理事务所，是依托甘肃省交通科研所于1993年2月组建，并于1998年4月17日正式成立的具备交通部公路工程甲级监理资质的国有企业，注册资金212万元。设有工程管理部、经营开发部、试验检测中心、财务部、综合管理中心等部门，下设数个项目监理部。经营范围包括：公路、桥梁、隧道等公路工程项目监理，工程技术咨询、服务等内容。

事务所按照现代企业管理模式，独立经营，自我发展，依靠科学完善的管理机制、灵活开放的经营方针及高素质的员工队伍开拓市场，服务于社会，具备较高的社会信誉及相当的经营规模，已成为西北交通建设监理市场一家举足轻重的监理单位。我所于2002年6月开始全面贯彻执行ISO 9001质量管理体系，通过不断提高整体管理水平，现已通过认证并取得证书。“质量为本，信誉为先，持续改进，顾客满意”，是我所制定的质量方针，新科人以此作为服务的宗旨，发展的基础，努力开拓市场，积极参与竞争，以良好的敬业精神和较高的监理业务水平为我所的进一步发展打好基础，作出贡献。

我所技术力量雄厚,现有技术人员153人,其中高级工程师41人,高级经济师2人,高级会计师1人,中级职称67人,其他技术人员42人,工程技术人员中已获交通部批准的监理工程师和专业监理工程师63人,监理员15人。人员结构合理,专业门类齐全,人员素质高,多数来自于科研、施工、养护生产管理的第一线,长期从事公路工程、汽车、筑路建材及工程结构及材料等方面的科研、设计、检测、施工及施工管理工作,理论水平高,实践经验丰富,并拥有先进的办公设施及完善的后勤服务系统,能满足各类公路工程监理业务的需要。

2. 驻地监理机构组建

甘肃新科监理事务所委派驻地监理人员1名,现场监理1名。按业主要求及监理服务合同的承诺,监理单位于2006年9月进驻开封至通许段绿化工程的现场。

3. 监理机构设备

监理办公设备及测量仪器设备按照监理服务合同之承诺基本到位。

三、工程监理成效及合同执行情况

1. 工程监理依据

(1)国家有关政策、法律和法规。

(2)本工程监理合同和施工承包合同。

(3)《城市园林绿化工程施工及验收规范》。

(4)《公路绿化技术规范》。

(5)本工程的设计文件及设计图纸等。

2. 监理内部管理

在监理工作中制定的工作职责:驻地监理工程师职责;测量工程师职责;合同计量工程师职责;旁站监理职责;监理廉政工作准则;档案管理制度;监理月报制度;变更审批制度;工地例会制度;考勤制度。监理单位本着"严格监理,热情服务,秉公办事,一丝不苟"的原则,按照监理合同的要求,根据适合的专业技术规定和国际惯例公认的行业工作准则,谨慎而勤奋地履行监理服务,在重要工序施工中,监理人员实行全过程旁站,具备高度服务热情,满足了工地工作需要。监理人员离开工作岗位,须办理请假手续,经业主批准。

3. 质量控制情况

(1)本工程开工后,监理组人员按照合同文件规定严格监理,积极开展监理工作。

(2)抓好对承包单位自检体系的控制。

(3)监理组严格审核了施工单位的施工组织设计及开工报告并提出了监理要求根据合同条款和技术规范,编写了该工程的监理文件:《大广线开封至通许段绿化工程监理实施细则》。确定了该工程的各个单位工程、分部工程及分项工程构成,质量标准及评定办法。

(4)监理人员对进场材料(苗木)等及时抽样检验,严格把握苗木材料质量关,施工单位的所有苗木材料进场前对苗木的名称、规格、数量、产地等都要报监理工程师检查认可后,方可使用。对不合格苗木材料,监理都坚决要求清退出场。

(5)现场监理人员对各道工序施工进行了巡视或旁站,抽样检验工序与工艺质量控制,填写监理日志,每道工序完工自检合格后,监理工程师都对现场质量检验报告单及原始记录进行检查验收和签认,对不合格的工序指示承包人进行缺陷修补或返工,前道工序未经检查认可,后道工序不得进行。

(6)中央分隔带和路侧绿化分项工程开工前,首先审核承包人的施工顺序图,安排好选苗、种植带填土、挖掘移植、土球盘根、运输装卸、坑穴放样和挖掘、定植填土、绕杆、打支撑、浇水、施肥、除草、防治病虫害等各个施工环节。督促施工单位选择肥沃、疏松、排水良好的种植土壤,栽植土的 pH 值应控制在 6.5 ~7.5。督促施工单位按设计图纸采购苗木并进行验收,对不符合规格的苗木一律清退。督促苗木要就近采购,尽量保证当天挖掘当天种植。督促施工人员对苗木进行适当修剪,保留骨架。督促施工单位在种植时,土球经初步覆土塞实后,分层填土,分层夯实,保证浇足第一次水。督促并指令施工单位做好绕杆,打好牢固树木支架;督促施工单位做到及时除草;督促施工单位及时打药治虫。督促施工单位加强绿化工程后期养护管理,确保绿化苗木成活,生长良好。

(7)及时做好监理资料并督促施工单位及时做好施工资料,确保资料真实、可靠、及时、准确。

(8)工程质量监理抽检评定情况,质量等级优良。

4. 工程进度控制情况

(1)进度控制依据:施工承包合同规定的合同工期、开竣工日期以及设计变更。

(2)根据合同条款及业主要求的计划与进度,驻地监理组对工程施工期限及进度绘制图表,对承包人工程施工的计划与进度严加督促,并要求承包人每月上报本月的工作计划,并对照上月的计划考核施工单位对计划的完成情况,以控制施工按计划执行。

(3)根据合同条款及业主要求的计划与进度,驻地监理组对工程施工期限及进度绘制图表。

(4)及时审查施工单位提交的施工总进度计划及计划的保证措施等,对承包人工程施工的计划与进度严加督促。

(5)督促承包人全面做好开工准备工作,检查工程开工条件。

(6)协助施工单位分解进度计划目标,实施进度计划,每日检查现场的工程形象进度,并对阶段性检查纳入监理日记。

(7)要求承包人每月上报本月的工作计划,对工程进度计划进行核查,对实际进度计划和计划进度进行对比,并对照上月的计划考核施工单位对计划的完成情况,以控制施工按计划执行。

(8)对工程进度的评价:工程施工能按业主要求准时开工,工程实际施工进度与施工总进度计划基本相符。

5. 合同管理情况

(1)工程变更:变更履行严格的审查审批手续。

(2)工程分包情况:经检查本项目工程未发现分包现象。

(3)承包单位的保险种类齐全,保险数额与实际价值相符,保险有效期符合合同要求。

6. 计量支付与造价控制情况

(1)工程计量款支付控制是质量和进度控制的重要约束手段。在本次绿化工程中,首先由现场监理做好中间计量,在规定的时间内对图纸数量和清单数量进行核算,根据合同规定进行现场计量,对不属于计量范围、未验收、不合格、资料不全的项目坚决不予以计量。

(2)对不合格的工程不予计量,在月度计量过程中,监理每次都要求承包人提供计量支付的原始资料,工程计量支付月报的报表,现场监理人员会同承包商现场核实后,监理工程师签发支付凭证,报业主支付。

(3)计量支付与造价控制的措施按以下内容进行:按合同文件规定的方法、范围、内容和单位计量，按监理工程师同意的计量方法计量，分项工程进行中间计量时，必须有中间交工证书。质量不合格的不予计量；不符合合同文件要求的工程，不予以计量，一切计量工作都应在监理工程师在场的情况下，由承包人测量、记录，经监理工程师审核签字，原件由承包人妥善保存。

7. 安全生产管理情况

(1)监理办公室着手加强对施工人员进行安全意识教育，时刻把“安全第一”的思想和理念放在首位，同时从各方面加强安全设施配置的情况检查。由于大家的努力，本工程项目没有大的安全事故发生。

(2)督促承包人施工人员做好施工安全教育记录、安全交底记录、安全台账、安全施工日记等。

(3)检查承包人机械传动防护、安全交通提醒标志、安全交通引导标志、标牌设置等。

(4)督促承包人在运输苗木时，不要超宽超高，绑扎牢靠，行驶速度平稳。装卸苗木时，要有专职专人指挥交通。

(5)对施工安全生产的评价：施工安全控制尚好，未发生一例安全生产事故。

8. 环境保护管理情况

(1)制定监理办环境监理职责和环境保护监理制度。

(2)做好环境保护巡视记录，对发生的环境隐患指令整改。

(3)针对本工程土方运输、土方填筑、土方平整、苗木装卸过程中的落土在路面上的情况，要求在施工过程中，跟班专人进行清扫。

(4)在种植土的杂物清理施工中，督促施工单位做到拣出的建筑垃圾及时清理，集中填埋；在施工过程中尽量不把土撒入排水沟中，督促施工单位做到及时清除，避免水土流失。

四、对施工单位和建设单位的评价意见

1. 对施工单位的评价意见

(1)施工单位能按有关施工规范和操作规程施工，在施工中监理发现的质量问题，经监理工程师指出后，承包人能进行改正。

(2)能按照监理程序进行施工，每道工序结束后，经监理验收合格后才进行下道工序施工。

2. 对建设单位的评价意见

建设单位对监理工作给予了大力支持，为监理工作创造了良好的监理环境。

五、对本工程项目的监理工作体会

(1)一项工程监理成果的取得与上级领导和建设单位的支持是分不开的，监理成果的最终取得还必须赢得施工单位的配合，在实际监理工作中，要不断培养协调各种人际和事务的能力，做到以人为本，以真情感人，以真理说服人，这样监理工作才能得心应手。

(2)工程施工监理人员必须具有高尚的职业道德和高度的责任感，工作中要精益求精，以工作质量来保证工序质量，要经常深入工地现场，了解工程最新动态，及早发现施工中的问题，及时通知并解决，做到事前有预测和导向、事中有观测和调整、事后有反馈和结论的全方位质量控制。

(3)要搞好监理工作，必须坚持“严格监理、热情服务、秉公办事、廉洁自律”的原则，并制

定一套与时俱进、行之有效的监理细则,使监理工作进入规范化、制度化、科学化的轨道,工程监理服务工作才能做得更好。

(4)随着工程中新知识、新材料、新工艺等的不断涌现,要加倍努力学习,充实自己的头脑,更好地完成业主委托的监理工作任务。

各位领导、专家、同行,大广线开通段高速公路绿化工程已按照施工招标文件和设计文件的要求完成整个工程施工任务,质量符合《城市园林绿化工程施工及验收规范》等的要求,施工单位的质量检验资料基本齐全,外观质量基本符合要求。

六、结束语

本工程在建设过程中,得到了各级领导的大力支持,建设各方同心协力,互相协调配合,在这种氛围中使工程能优良交付。借此机会,谨代表甘肃新科监理公路工程事务所向各位表示衷心感谢,我们将在以后的施工监理工作中发扬成绩、克服不足,为城市的美化绿化事业发展作出更大地贡献!

甘肃新科公路工程监理事务所

第二驻地监理办公室

2009 年 4 月

大广线开封至通许段高速公路机电工程项目监理总结报告

一、工程概述

开封至通许高速公路起点与黄河大桥顺接，进而与濮阳至开封高速公路相接，终点与扶沟至西华高速公路顺接。路线全长64.228km。沿途有6座互通（孙寺、开封北、开封南、吴楼、石岗、通许）分别与连霍高速公路、G220（G310）、S327、新郑机场高速、日南高速、S325相接，其中吴楼属于新郑机场工程范围。本计划于2006年11月25日建成通车。路线按6车道高速公路标准设计，路基宽度28m（34.5m），中央分隔带宽度2m（3m），设计时速120km/h。本路段设一处监控通信收费分中心，设在开封北互通，与开封北收费站合建。设三个收费站，分别为开封北站、开封南站、通许收费站。服务区一处，开封南服务区；停车区一处，通许停车区。

大广线开封至通许高速公路机电工程项目内容包括监控、收费、通信三大系统，要求承包人提供包括设计、供货、运输、交付、安装、开通、测试、试运行、培训、文件和24个月的免费缺陷责任期等全套服务。

二、监理机构的组建及分工

大广线开封至通许高速公路机电项目监理办公室（以下简称监理办公室），按照监理服务合同要求，在开封市成立。

监理办公室主要监理人员和分工情况介绍如下：

任玉霞：高级工程师，任总监工作。

郝景辉：工程师，负责收费系统工作。

赵发勤：高级工程师，负责监控系统工作。

刘建超：负责通信系统工作。

以上人员均持有部或者省级颁发的监理工程师证书，专业知识对口，符合监理服务合同中的要求。

三、监理工作目标及监理依据

1.监理目标

按照大广线开封至通许段高速公路交通机电工程项目施工合同（合同号KTGS.JD）规定，本项目：

经费控制：21 667 283.50元。

进度控制：由合同生效之日计起，包括联合设计，总工期为177d（含周六、周日），即2006年5月23日～2006年11月25日。

质量控制：按建设单位的要求和相关标准完成联合设计文件、监控、收费、通信、工程的施工监理，争创优良工程。

2. 监理依据

按照以下文件的要求实施监理服务工作。

(1)监理服务合同。

(2)业主与承包商签订的施工合同,合同号:KTGS. JD。

(3)中华人民共和国行业标准《公路工程施工监理规范》(JT 077—95)。

(4)中华人民共和国邮电部标准。

(5)中华人民共和国通信标准。

(6)中华人民共和国广播电视标准。

(7)国家、河南省有关政策、法规,技术规范和标准。

(8)业主授予的其他权限。

四、工程质量监理

质量是工程建设的核心,也是监理工程师工作的主要内容。监理办公室成立以来,始终把质量控制放在重要位置,我们着重抓了以下几方面的工作。

1. 组织监理人员学习有关监理文件

监理办公室成立后,部门组织监理人员学习大广线开封至通许段高速公路机电工程项目的招标文件,投标文件,施工监理规范,并多次上路察看施工现场,熟悉情况,参加业主提出的变更方案,组织大家学习施工合同文件。通过学习,使监理人员明确了各自的监理任务,监理职责和权限以及监理工作的执行程序。各监理在学习的基础上制定了各自监理规划,为监理工作顺利开展打下了良好的基础。

2. 编制监理建议书及监理表格

监理人员在熟悉监理工作内容后,编制了监理实施建议书和 47 份监理工作用表,其中 A 类表,即承包商用表 26 份;B 类表,即监理用表 15 份;C 类表,即其他用表 6 份。在工程实施中又对表格做了完善。规范了监理程序,统一了文件的往来格式,为监理工作紧张有序地进行提供了保证。

3. 开好第一次工地会议

良好的开始,是成功的一半。开好第一次工地会议,对后续的监理工作影响很大。第一次工地会议于 2006 年 8 月 28 日在海星公司 4 楼会议室召开。会议上,海星公司主管机电项目的叶副总经理分别对施工单位和监理单位提出了要求,承包商分别对工程的施工计划和人员配备做了详细的汇报,并检查了开工前的准备工作。第一次工地会议的成功召开为后来的监理工作铺平了道路。

4. 审查联合设计文件

本工程由中咨泰克总公司和河南高速公路发展有限公司联合设计。监理部分别对设计文件进行了审查,并多次召开会议,承包商也给予了配合。使联合设计文件更加完善,为工程的顺利进行打下来良好的基础。

5. 对进场设备、材料严格检查

大广线开封至通许段高速公路机电工程项目所有的设备、材料均进行了严格的检查。对不符合要求的设备、材料坚决不许进场。我们的做法是:设备、材料到货后,由承包商按要求填写进场设备、材料报验单,监理收到报验单后,去现场验货。核对厂家、设备型号、检查有无合格证、说明书、保修单等资料。详细察看设备的技术参数,确定符合要求后由监理工程师在报验单上签字认可。对于经查验有疑问的设备、材料或资料不全的设备、材料要查明原因,必要的时候提请承包商提供相关的说明资料,直到资料齐全才签字认可,批准进场使用。

6. 严格按监理程序施工

严格按《公路工程施工监理规范》施工,是监理工作的依据,是工程质量的保证。单项工程必须有开工申请、开工令,坚决杜绝没有开工令就施工的现象发生。承包商项目经理、总工也很重视这方面的工作,在工作中严格审查单项工程开工报告,承包商对认为已经具备开工条件的单项工程,填写单项工程开工申请,报送监理办,监理工程师对承包商的进场材料、进场机具进行检查,并对施工工艺施工组织、质保体系、安全保证体系、计划进度等进行全面审查,确认具备开工条件,才签发开工令,对于不具备开工条件的申请承包商继续完善,直到符合条件才同意施工。

7. 坚持现场旁站监理,严格质量标准

工程一开始,监理办就强调要加强现场抽检,旁站监理,对于隐蔽工程前一道工序未经监理检查认可不得进行下一道工序,对于重要环节或关键工序,必须全过程旁站监理。监理办是这样要求的,监理和承包商也是这样做的,下面介绍各系统在施工过程中的监理情况。

监控系统工程师在施工过程中,坚持旁站,及时发现和解决施工中不少问题。例如:在开挖的摄像机基础做到每个基础都实际测量,发现尺寸不符合设计图纸的马上通知返工;在电缆敷设过程中部分路段更改了路由,节省了工时、材料、和费用,并且发现部分电缆埋设不合格,及时指出,保证了质量。收费系统工程师经常到施工现场督促检查设备安装调试质量,线缆敷设质量,去各收费站了解设备运行情况,发现问题及时督促承包商解决,并协助承包商制定解决方案。在收费系统软件的安装过程中进行了旁站监理,为了保证软件和硬件的可靠性,多次到现场进行现场的测试,未出现异常,证明软件和硬件性能可靠,达到合同规定的要求。通信系统工程师在施工过程中重点控制光缆的 A、B 端,除了控制接续损耗外,同时注意了光纤在收容盘的盘放,预留光缆的盘放及光缆接头盒的固定。光缆的标牌,设备的安装竖直及水平度、线缆的绑扎是否整齐、电源电缆是否分开及地线是否连接正确牢固等。

8. 对已完单项工程进行了全面的检查

当单项工程结束后,承包商对工程的施工质量做全面的自检,重要环节监理旁站检查,自检合格后填写工程报验单,报监理工程师审批,监理工程师根据旁站掌握的情况,进行现场的抽检,发现问题请承包商完善,直到合格,签发认可证书。

五、工程进度监理

按照大广线开封至通许段高速公路机电工程项目施工合同文件中规定,合同应该在 2006 年 11 月 10 日完工,但是由于机电施工界面的问题,推迟到 2006 年 11 月 25 日完工。再加上后期的修整,提交完工日期为 2006 年 12 月 27 日。

在工程进度控制过程中,我们先是要求承包商按系统制定出总体的计划和计划网络图,在施工过程中,监督分项工程的实施落实,检查计划落实情况并根据进度情况提出调整计划和意见。

承包商在第一次工地会议前按监理要求编写了总体进度计划和计划网络图,并提交监理审查,监理提出审查意见,承包商又做了修改和完善。施工开始后,由于一些原因,有些工程提前,有些工程滞后,监理又根据工程的实际情况,和承包商一起调整了施工计划。在工程施工过程中,我们还要求承包商每天填报工程日志,每月报送月进度报告。然后到现场核实,以便合理控制施工进度。在工程施工过程中,虽然施工界面提交缓慢,工程还是按期完成了。

六、工程变更

本项目合同总价为 21 667 283. 50 元，变更增加投资 1 566 742. 79 元，变更合同价的7. 23%，控制了在合理的范围内。本工程所有的变更都是依据合同条款和监理规范程序办理，对于技术更新的原因承包商采用的设备型号停产，而采用配置和各项技术指标均高于原设备的技术指标，可以直接采用，不需办理变更，只做相应的记录。

七、合同的管理和支付

合同管理涉及的内容很多，它包括工程的变更、工程的延期、工程的索赔、争端和违约等。本工程没有发生索赔。

在计量支付方面，我们按照监理程序认真执行技术规范和合同规定，严格控制费用的支出，对于承包商送来的支付，都要经过各专业监理工程师认真核对，正确无误后签发认可，最后再统一再次审核，签字认可。我们的支付程序是对于进场材料设备支付，按照合同的规定，认真核对进场材料、设备报验单；在工程支付方面，必须有开工申请、工程质量报验单、检验认可书、工程计量报验单才可付，材料缺一不可。未经监理工程师检验或者未通过检验的工程坚决不予支付。对于工程中的变更需有变更令。否则不予支付。在支付问题上，我们控制十分严格。

八、文档资料的整理

本工程严格按照河南省档案整理要求编制归档，整理合格后交海星高速公路发展公司档案室。

九、试运行和缺陷责任期监理

本工程试运行期 3 个月，缺陷责任期 24 个月，在试运行期间监理人员经常到收费站了解软硬件运行情况，发现问题，及时督促承包商解决，在缺陷责任期间，对工程使用中出现和存在的问题，督促承包商进行缺陷的修补、完善。通过试运行的使用，本工程运行良好，达到合同规定的要求。

十、监理工作的体会与建议

(1)业主的大力支持是监理工作得以顺利开展的保证，在工程过程中，业主给予了监理工作大力的支持与信任，对监理提出了意见积极考虑，及时解决，并赋予了许多权力，使监理工作得以顺利进行。

(2)监理人员素质是搞好监理工作的保证，选择监理人员既要业务好，也要思想好，能吃苦，责任心强，服务热情、办事公道。优质的工程不是靠监理监管出来的，而是靠干出来的，选择好的施工单位，是工程得以顺利完工的保证。

在设备试运行期间，发现建设单位在机电运行与维护方面人员配备少，技术力量薄弱，建议建设单位联合施工方加大对技术人员的培训。

大广线开封至通许高速公路机电项目监理办公室

2009 年 4 月

第四篇　交工申请及施工总结报告

陕西省第七建筑工程公司开封至通许段高速公路房建工程交工验收的申请

河南开通高速公路有限公司：

我单位负责承建的开通高速公路房建工程的开封东收费站、开封服务区、开封南收费站、通许收费站、通许停车区的综合楼及附属工程的施工、装饰装修及道路广场路面的施工于2007年2月20日全部完成，并且按照《建筑工程施工质量验收统一标准》、《公路工程质量验收评定标准》及相关规定的要求对工程质量自检合格，竣工文件已编制完成，具备交工验收的条件，特申请交工验收。

一、交工验收申请范围

(1)监控楼分中心，东匝道收费站办公楼(三层框架)及附属工程、道路广场硬化。

(2)服务区东西区综合楼(三层框架)、锅炉房、卫生间、维修车间等附属工程、服务区广场道路的硬化工程。

(3)开封南匝道收费站办公楼(二层框架)等附属工程、道路广场硬化。

(4)通许收费站综合楼(二层框架)及附属工程、道路广场硬化。

(5)通许停车区办公楼(一层框架)等附属工程、道路广场硬化。

二、自检评定结果

我单位按照《公路工程质量验收评定标准》及相关规定的要求对工程质量自检，对每个分项工程、分部工程、单位工程进行检查、评定，通过对我合同段各分项、分部工程的评定汇总，主控项目全部合格，一般项目均符合设计要求和规范，质保资料齐全，本单位工程质量评定合格。

三、存在问题及处理意见

本工程所有工程均已完成，无遗留工程问题，计划安排专人进行交工验收的准备工作。

附件：1. 陕西省第七建筑工程公司开封至通许段高速公路房建工程竣工验收工程质量自检报告

2. 开封至通许段高速公路房建工程施工总结

大广线开封至通许段房建工程项目经理部

2009年4月

陕西省第七建筑工程公司开封至通许段高速公路房建工程竣工验收工程质量自检报告

一、工程概述

我单位负责承建的开通高速公路房建工程的开封东收费站、开封服务区、开封南收费站、通许收费站、通许停车区的综合楼及附属工程的施工、装饰装修及道路广场路面的施工。

工程范围及内容：

(1)监控楼分中心，东匝道收费站办公楼(三层框架)及附属工程、道路广场硬化。

(2)服务区东西区综合楼(三层框架)、锅炉房、卫生间、维修车间等附属工程、服务区广场道路的硬化工程。

(3)开封南匝道收费站办公楼(二层框架)等附属工程、道路广场硬化。

(4)通许收费站综合楼(二层框架)及附属工程、道路广场硬化。

(5)通许停车区办公楼(一层框架)等附属工程、道路广场硬化。

二、单位、分部工程的划分

序号	单位工程名称	分部工程名称	备注
1	开封东收费站	基础分部工程、主体结构工程、屋面防水工程、装饰装修工程、电气安装及给排水工程、室外道路及广场工程	
2	开封南收费站	基础分部工程、主体结构工程、屋面防水工程、装饰装修工程、电气安装及给排水工程、室外道路及广场工程	
3	开封服务区东区	基础分部工程、主体结构工程、屋面防水工程、装饰装修工程、电气安装及给排水工程、室外道路及广场工程	
4	开封服务区西区	基础分部工程、主体结构工程、屋面防水工程、装饰装修工程、电气安装及给排水工程、室外道路及广场工程	
5	通许收费站	基础分部工程、主体结构工程、屋面防水工程、装饰装修工程、电气安装及给排水工程、室外道路及广场工程	
6	开封服务区东区	基础分部工程、主体结构工程、屋面防水工程、装饰装修工程、电气安装及给排水工程、室外道路及广场工程	
7	开封服务区西区	基础分部工程、主体结构工程、屋面防水工程、装饰装修工程、电气安装及给排水工程、室外道路及广场工程	

三、评定过程及依据

评定工作依据《建筑工程施工质量验收统一标准》、《公路工程质量验收评定标准》、《公路工程竣(交)工验收办法》及相关规定的要求对每个分项工程、分部工程、单位工程进行评定。

合同段的工程质量自检评定是在施工过程中每完成一个分项工程，及时进行检查评定并经过监理工程师签署意见，最终汇总到分部、单位、合同段工程，工程质量均为合格。

四、内业资料

各类技术资料已齐全，项目部成立了竣工文件编制小组，按《公路工程竣工文件材料立卷归档整理细则》要求编制竣工资料，现已编制完毕归档整理。

五、工程质量评定意见

通过对我合同段分项、分部及单位工程的评定汇总，单位工程合格率100%，本单位工程质量自检评定合格。

六、存在问题及处理意见

本工程所有工程均已完成，无遗留工程问题，计划安排专人进行交工验收的准备工作。

大广线开封至通许段房建项目经理部

2009年4月

开封至通许段高速公路
房建工程施工总结

开封至通许段高速公路房建工程 DGKT 合同段的开封东收费站、开封服务区、开封南收费站、通许收费站、通许停车区由我陕西省第七建筑工程公司承建，在整个施工过程中，由于业主、监理、设计、勘查及监督等单位各级领导的支持，我项目部经过几个月的昼夜奋战，业已圆满竣工，现将该工程的施工情况总结如下：

一、工程概况

该工程属房建工程，工程主要施工内容工程量如下：

(1)监控楼分中心，东匝道收费站办公楼(三层框架、桩基)及附属工程的施工及装饰装修工程，建筑面积 4 367m^2；电气安装工程建筑面积 8 404m^2；道路广场硬化面积 9 397m^2。

(2)服务区东西区综合楼(三层框架)、锅炉房、卫生间、维修车间等附属工程的施工及装饰装修工程，建筑面积 7 154m^2；电气安装建筑面积 11 358m^2；服务区广场道路的硬化工程，面积 76 833m^2。

(3)开封南匝道收费站办公楼(二层框架)等附属工程的施工及装饰装修工程，建筑面积 1 298m^2；道路广场硬化面积 1 885m^2。

(4)通许收费站综合楼(二层框架)及附属工程的施工，建筑面积 1 827m^2；道路广场硬化面积 3 621m^2。

(5)通许停车区办公楼(一层框架)等附属工程的施工及装饰装修工程，建筑面积 2 645m^2，道路广场硬化面积 6 999m^2。

二、施工组织机构、人员设备方面

项目经理部设在开封服务区，项目经理部全面负责本标段工程的全部施工组织与施工管理工作。

其他四个施工点设置项目经理部分部，负责各点的施工组织与施工管理工作；项目经理部直接负责开封服务区的施工组织与施工管理工作。各项目经理分部在项目经理部的统一组织与管理下分别开展工作。

在公司领导下的项目经理责任制，项目经理下设工程组、材料组、安技组、财务组、质量组，工程在施工过程中按合同约定投入的人员和机械设备如下：装载机、稳定土拌和设备、压路机、混凝土搅拌机、砂浆搅拌机、洒水车、混凝土振动梁、混凝土路面切缝机、混凝土振动棒、发电机、交流电焊机、磅秤、木工圆盘锯、木工台刨等。

三、施工质量管理

项目经理部按照公司颁布的《项目管理办法》、《质量手册》、《文明工地管理手册》、《CI 工作手册》、《项目安全管理办法》、《项目成本管理办法》执行，项目部建立岗位责任制，明确分工职责,落实施工责任,各岗位各行其职。

在施工过程中我们是从以下方面来完成任务的:

1. 质量管理体系

建立项目经理部质量体系,严格按 ISO 9001—2000 质量体系要进行质量控制,做好工程图纸控制,做好工程各单项工程技术交底。搞好本工程质量策划,严格把好物资供应的质量关。在施工过程中,做好过程检验,做好材料试验项目与结构检验,分成分包的选定和质量控制,分包的选定,经过了充分考察审核,分包单位必须严格接受建设单位、监理单位和项目经理部的监督与指导,必须严格遵守本工程的质量控制规范,按国家施工验收规范、标准和其他技术文件作业,在工程运用 PDCA 循环方法,不断改进工程质量,设置工序质量控制点,加强管理,科学施工,确保工期。

2. 施工过程中质量自检

在施工过程中我项目部施行自检、互检、专职检查的"三检"制度,并认真填写检查记录,对不符合要求的施工内容不予验收,未经业主、监理公司等有关人员签字认可,不准进行下道工序验收。

3. 工程质量问题的处理

我项目部对工程质量采用系统控制,施工前通过技术交底明确质量控制重点,指出容易出现的质量通病,施工中对出现的质量问题坚决进行整改,对完工工程存在的质量问题如影响使用或影响美观坚决进行返工处理。

4. 完工质量的评价

通过对我合同段各分项、分部及单位工程的评定汇总合同段工程质量自检评定合格,质量等级合格。

四、确保工期

由于本工程为国家重点工程,工期紧,社会影响面大,在施工过程中项目公司积极配合协调,解决了许多工作中的实际问题,驻地监理坚守岗位,重点部位 24h 全过程旁站,其他部位全方位巡视,跟踪检验,发现问题及时解决,杜绝隐患,确保工程质量。项目部也制定了相应的措施以保证按时完工。为确保各道工序能顺利提前交接,项目部为每个施工点增加了技术员和工长各一名,以保证突击完成任务时可以调整休息。为保证工程的顺利完工,项目部一线工作人员采取了见缝插针,有工作面就抓紧施工,没有工作面的加班加点施工争取早日完工的工作方针,项目经理和项目部主要人员均驻守工地指导督促。同时监理工程师与我公司技术人员积极配合,提出了很多合理化的建议,为本工程按时完工作出了重大贡献。

五、安全生产,文明施工

1. 安全生产

工程安全施工原则:安全第一、预防为主、管生产必须管安全。在项目部进驻工地后,组织项目部全部管理和技术人员召开了安全生产专题会,确保安全生产是本工程的首要任务。项目部成立由项目经理为组长的安全生产领导小组,形成了层层负责、级级落实、各负其责的良好的安全生产氛围,工程自开工至全部竣工没有发生一起安全事故,树立了本公司的"抓安全、讲质量、重信誉"的良好形象。

具体措施如下:

(1)在施工期间严格遵守国家有关安全生产的法律法规、交通部颁发的《公路工程安全技术规程》(JTJ 076—95)和《公路工程机械操作规程》有关安全生产的规定,认真执行了工程承包合同中的有关安全要求。

(2)施工前和施工中加强安全生产宣传教育,增强全员安全生产意识,建立健全各项安全生产的管理机构和安全生产管理制度,并配备专职及兼职的安全检查人员、保通员。定期或不定期的、有组织有领导的开展安全生产活动,做到生产与安全工作同时计划、布置、检查、总结和评比。

(3)建立健全安全生产责任制。从派往项目实施的经理到生产工人(包括临时雇佣的劳务人员)的安全生产管理系统做到了纵向到底,环环不漏;各职能部门、人员的安全生产责任做到横向到边,人人有责。安全生产责任制以项目经理为第一负责人,施工现场设置了安全机构,专职负责所有员工的安全和治安保卫工作,及时有效地预防了施工事故和治安事件的发生。

施工人员岗前接受安全施工技术教育,熟知并遵守了本工种的各项操作规程;专业工种均持证上岗并定期进行安全技术考核。操作人员上岗,必须按规定穿戴防护用品,施工负责人和安全检查员在施工过程中随时检查劳动防护用品的穿戴情况,不按规定穿戴防护用品的人员不得上岗,在岗人员不穿戴防护用品立即下岗并予以相应的处罚。

2. 文明施工

创建文明工地,既是环境保护的要求,也是企业文化的集中表现;文明工地的实现,必将为安全控制、技术质量控制、进度控制、成本控制等提供良好的前提条件,为企业形象提供一个重要的窗口。

搞好与其他标段施工单位的周边关系,服从业主的统一调度。加强与兄弟施工单位的协调,互相理解、互相支持,当某一地段施工任务发生矛盾时,应通过协商,为关键施工项目让路先行。达到保重点、保关键、保全局的目的,主动协调,共建文明工地。

六、环境保护及节约用地

为确保文明施工,促进施工顺利进行,我单位在完善施工组织设计时,把环境工作为施工组织要求组成部分,并认真贯彻执行施工的全过程,具体措施如下:

(1)组织职工学习环保知识,加强环保意识,使大家认识到环境保护的重要性和必要性。

(2)认真贯彻各级政府有关水土保持、环境保护方针、政策和法令,结合设计文件和工程特点,及时申报环境保护措施,切实按批准的文件组织实施。

(3)定期进行环境检查,及时处理违规事宜,主动联系环保机构,请示汇报环保工作,做到文明施工。

(4)所有生产和生活垃圾定点堆放,外运到指定地点处理,不得乱抛乱弃,废弃泥浆随弃随运。

(5)晴天须对临时道路定时洒水,以免尘土飞扬,污染环境。

(6)运输车辆作业时,运输物必须覆盖,防止抛洒。

(7)不扰民、少占地、综合治理、防水、排水、防止水土流失。

(8)定点取土、取土场选择在荒山、荒地,对废方尽量利用,如还余废方,做合理调配处理。

(9)工程竣工后施工取土场应回填复耕,施工废料,废弃物选择合适位置予以处理。

通过以上措施的采用有效地保护了施工环境。

七、对建设单位、设计单位、监理单位的评价

1. 对建设单位的评价

在我合同段整体施工准备和施工过程中，业主对整个工程质量的控制、进度控制、费用控制、合同管理、安全生产和工作协调实施全面的过程管理，真正做到全面管理的作用。

对施工单位提出合理的施工安排、科学的施工组织方案，使施工单位合理安排科学管理，圆满按期完成施工任务；紧抓、牢抓施工安全，使施工期间无一次安全事故发生。在合同管理中，严格按合同要求的施工进行管理、协调，真正做到公平、公正管理、实施。

2. 对设计、勘察单位的评价

施工前，积极参与图纸会审，提供合理的、正确的施工工序；在施工期间联系施工单位，询问图纸中的难点及施工方案、工序；在变更过程中严格把设计关、质量关，提出合理的变更方案，真正做到"严格设计、热情服务、秉公办事、一丝不苟"。

3. 对监理单位的评价

施工过程中监理对每个分项工程都做到审查施工组织设计、审查质量保证体系、安全施工措施，对不合理的施工方案提出合理的建议，使施工单位做到合理科学的安排施工，减少经济损失；核实施工人员、施工设备进场情况；审核设备和主要材料进场报验，严格把关，使进场设备、材料达到完全合格；对每道工序严把质量关，按时、不定时抽查施工质量。真正做到"严格监理、热情服务、秉公办事、一丝不苟"。

八、施工体会

我项目部在此项目施工过程中，使很多施工人员得到培养、锻炼，并茁壮成长起来，不同程度的提高和丰富了自身的施工技能，总结和积累施工经验，增强了施工管理理念，对以后的施工管理有了一个新的认识，为我们以后施工类似项目打好了坚实的基础。

总之，我们之所以能取得以上的成绩，与项目公司、监理代表、设计院等有关单位各级领导的理解、支持帮助是分不开的。在此我公司向你们表示最衷心的感谢！

陕西省第七建筑工程公司

大广线开封至通许段项目经理部

2009 年 4 月

河南绿金州园林工程有限公司大广高速公路
关于景观绿化交工验收的申请

河南开通高速公路发展有限公司：

我单位负责建设的大广高速公路开封至通许段景观绿化所有工程项目于 2006 年 12 月 30 日全部完成，并且按照《公路工程质量检验评定标准》及相关规定的要求对工程质量自检合格，具备交工验收的条件，现提出申请进行交工验收。

1. 交工验收的申请验收

大广线开通段景观绿化（孙寺互通区；开封东互通匝道收费站；开封南互通匝道收费站、服务区；石岗互通区；通许互通区匝道收费站、停车区）设计施工。

2. 自检评定结果

我单位按照《公路工程质量检验评定标准》及相关规定的要求对工程质量进行了自检评定，主要划分为孙寺互通区；开封东互通匝道收费站；开封南互通匝道收费站、服务区；石岗互通区；通许互通区匝道收费站、停车区绿化工程，在对各工程进行检验、评定后，汇总得出自检评定得分为 99.1 分，工程质量等级为合格。

3. 工程量清单

景观绿化工程量及自检结果。

4. 尾留工程计划

所有工程已完成，无留尾工程。

附：1. 河南绿金州园林工程有限公司大广高速公路关于景观绿化的自检报告

2. 大广线开通段高速公路景观绿化施工总结报告

河南绿金州园林工程有限公司

2009 年 4 月

河南绿金州园林工程有限公司大广高速公路关于景观绿化的自检报告

一、工程概况

景观绿化大广线开通段景观包括孙寺互通区、开封东互通匝道收费站、开封南互通匝道收费站、服务区、石岗互通区、通许互通区匝道收费站、停车区绿化。从 2006 年 9 月 5 日进行开始，在项目公司的精心组织和严格管理以及河南开通发展有限公司的指导下，于 2006 年 12 月 30 日基本完成了施工任务。到目前为止我单位承建的景观绿化标段所有工程已经完工。

二、单位、分部工程划分

根据《公路工程质量检验评定标准》的规定，结合本工程的实际情况，单位、分部工程划分如下：

<table>
<tr><th>序号</th><th>单位工程名称</th><th>分部工程名称</th><th colspan="2">分项工程名称</th><th>备注</th></tr>
<tr><td rowspan="11">1</td><td rowspan="11">景观绿化</td><td rowspan="11">景观绿化</td><td colspan="2">中央分隔带绿化</td><td>合格</td></tr>
<tr><td colspan="2">路测绿化</td><td>合格</td></tr>
<tr><td rowspan="5">互通区绿化</td><td>孙寺互通立交区</td><td>合格</td></tr>
<tr><td>开封东立交区</td><td>合格</td></tr>
<tr><td>开封南立交区</td><td>合格</td></tr>
<tr><td>石岗立交区</td><td>合格</td></tr>
<tr><td>通许立交区</td><td>合格</td></tr>
<tr><td rowspan="2">收费站区绿化</td><td>开封东匝道收费站</td><td>合格</td></tr>
<tr><td>开封南匝道收费站</td><td>合格</td></tr>
<tr><td colspan="2">开封服务区</td><td>合格</td></tr>
<tr><td colspan="2">通许停车区</td><td>合格</td></tr>
</table>

三、评定过程及依据

评定工作依据《公路工程质量检验评定标准》、《公路工程(竣)交工验收办法》进行，合同段划分为单位工程、分部工程、分项工程。合同段工程质量自检评定是在施工过程中完成的。每完成一个分项工程，就及时进行检查、评定、最终汇总到分部、单位、合同段工程质量部分。

四、自检结论

通过对我合同段的各分项、分部及单位工程的评定汇总，单位工程合格率达 100%，合同段工程质量自检评定得分 99.1 分，合同段工程质量等级为合格。

河南绿金州园林工程有限公司

2009 年 4 月

大广线开通段高速公路景观绿化施工总结报告

一、现场管理机构的设置及建设目标

公司将此工程列为重点工程，公司施工组织的指导思想是：质量第一、服务周到、业主满意。以质量为中心，采用“项目法”施工，从公司抽出一批具有专业理论知识和较强组织能力的高、中级管理人员组成大广线开封至通许段园林景观绿化工程项目部。

1. 工程质量管理目标

优良

2. 安全管理目标

在本工程中，项目部贯彻“安全第一，预防为主”的方针，通过强化安全教育和安全培训，加大安全设施的投入，制定完善的安全措施，实施周密的安全防护，确保施工全过程达到既定目标：

（1）杜绝火灾事故的发生。

（2）杜绝死亡及重伤事故的发生。

（3）轻伤事故频率控制在1‰以下。

3. 文明施工目标

施工现场按照指挥部的有关要求和规定进行布局，树立企业形象，确保文明施工。

4. 服务目标

积极履行自己的各项承诺，施工中积极同业主配合，接受业主和监理等有关部门对工程质量、工程进度、现场管理的监督，竣工后对建设项目进行定期或不定期的回访，及时做好养护工作。

二、施工准备

1. 技术准备

（1）大广线开通段景观绿化工程指挥部组织有关技术人员熟悉工程特点及技术要求。

（2）勘察现场，了解工程范围内的现状和分布，做好现场记录和标识。

（3）根据现场调查的实际情况，参照有关施工技术规程，文明施工，注重环保等要求，合理布置临时设施，制定施工现场总体布置平面图。

（4）及时组织项目部人员进场，并进行测量放线，做好施工前准备工作。

（5）按照图纸要求严格执行有关质量的验收规范。

2. 劳动组织设备

（1）该工程组织机构为项目经理负责制，其组织机构组成包括：项目经理、技术负责人、施工员、质检员、安全员、资料员、保管员等，根据该工程特点配备专业的绿化施工技术人员。

（2）新工人经试用通过后，按照国家相关的法律法规签订用工合同，切实保护工人的合法权益。

3. 物资准备

(1)由预算部门提供详细的材料计划。

(2)做好有关土建主材、绿化苗木选择的准备工作。

(3)根据预算材料分析和进度计划的要求编制材料需用量计划,核实各种材料的产地和供货方式。主要材料需用量详见计划。

4. 机械设备

根据本工程特点做好施工机械的进场工作,主要机械有剪草机、打药机、发电机、抽水机、小型内燃机、播种机、装载机、推土机、挖掘机等。

三、施工部署及主要分布分项工程施工方法

1. 工程特点

工期紧、任务重、苗木采购量大、作业面宽、战线较长。

2. 施工布置

本工程采用分区段作业,共分七个区段:(1)孙寺立交桥;(2)开封东立交桥;(3)开封南立交桥;(4)石岗立交桥;(5)开封服务区;(6)通许立交桥;(7)通许停车区。

3. 施工起点及流向

在施工条件具备的情况下,各工段同时进行,以设计为标准从内向外整地、栽植。

4. 分部分项工程的主要施工方法

施工顺序:

定位放线——土方造势——绿化栽植——养护管理

(1)定位放线

定点放线是在现场测出苗木栽植位置和行距。由于苗木栽植施工方法各不相同,定点放线的方法也有很多种,常用的有以下 3 种。

第 1 种:自然式配置乔、灌木放线法

坐标定点法:根据植物配置的疏密度,先按一定的比例在设计图及现场分别打好方格,在图上用尺量出树木在某方格的纵横坐标尺寸,再按比例位置用皮尺量在现场相应的方格内。

仪器测法:用经纬仪或小平板仪依据地上原有基点或建筑物、道路将树群或孤植树依照设计图上的位置一次定出每株的位置。

目测法:对于设计图上无固定点的绿化种植,如灌木丛、树群等可用上述两种方法划出树群树丛的栽植范围,其中每株树木的位置和排列可根据设计要求在所定范围内用目测法进行定点,定点时应注意植株的生态要求并注意自然美观。定好点后,多采用白灰打点或打桩,标明树种,栽植数量(灌木丛树群)、坑径。

第 2 种:整形式(行列式)放线法

对于成片整齐式种植或行道树的放线法,也可用仪器和皮尺定点放线,定点的方法是先将绿地的边界和小建筑等的平面位置作为依据,量出每株树木的位置,定上木桩,木桩上写明树种名称。

一般行道树的定点是以路牙或道路的中心为依据,定点时如遇电杆、管道、涵洞、变压器等障碍应躲开,不应拘泥于设计的尺寸,应遵照与障碍物相距的有关规定来定位。

第 3 种:等距弧线放线法

若树木栽植为一弧线如街道曲线转弯处的行道树,放线时可从弧的开始到末尾以路牙或

中心线为准,每隔一定距离分别画出与路牙垂直的直线。在此直线上,按设计要求的树与路牙的距离定点,把这些点连接起来就为近似道路弧度的弧线,在此线上再按株距要求定出各点来。

定点放线位置要符合设计要求。定点的标记要明显。

(2)土方造势

根据设计位置、高程分区域压实、造势平顺、美观、经监理验收后方可进行下道工序。

(3)乔灌木栽植

施工顺序:选苗——起挖包装——运输——挖树穴——定植——缠干——支撑——修剪——浇水

①选苗

苗木的选择,除了根据设计提出对规格和树形的要求外,还要根据选择长势旺盛、无病虫害、无机械损伤、树形端正、树干挺直、根须发达的苗木;而且应该在育苗期内经过翻栽、根系集中在树篼的苗木。

②起挖包装

凡从绿地掘苗应进行号苗,号苗用颜色在所掘树上做出明显标记。掘苗处土壤过于干燥,应在掘苗前三天浇水一次,待水渗下后再掘苗。掘露根苗,铁锹要锋利,需按规定根系掘苗,挖够深度后再向内掏底,将根铲断放倒树木打掉土块。掘苗时如遇较粗树根应用锯锯断。露根苗掘出应立即装车运走,如不能运走,可在原坑埋土假植。将根埋严,如假植树时间过长应适量浇水,保持土壤中的湿度。

在掘常绿树或灌木前应用草绳将树冠围拢,但不要过紧,以不伤枝条为准。掘的根系和土球应保证规定的尺寸。掘前以树干为中心划一圆圈标明根系和土球大小,一般应较规定的尺寸稍大,掘时从圈外挖掘,掘土球的形状应为红星苹果形。

掘土球应先铲出表面浮土,去浮土以不伤树根为准,掘时在所划圈外挖沟,沟宽以便于操作为准,掘的沟要上下一样宽,随挖随修土球,应注意挖时脚不要踩土球以免将土球踩坏。挖至合适深度后再向中心掏底,50cm 以上的土球底部应留一部分不挖以支撑土球,按形状挖好土球后在土球兜草绳处挖一小槽以打包。

打包:土球规格在 40cm 以下。土质坚硬可在坑外打包,先将蒲包放好。捧出土球放入包内,但注意搬动土球时不要只提树干。放入包内将包包严再按规定将草绳捆紧,土球虽在 40cm 以下但土质较松软和 50cm 以上的土球均应在坑内打包,所有包装物蒲包草绳应在使用前一天浸水,以增加拉力,可使草包打严,草绳勒紧,50cm 以上土球如土质松软,应修好土球后先用腰绳(腰绳宽度应根据土质而定)围好再各蒲包将土球包严,用草绳将蒲包固定,再进行打包,打包时两人对面配合操作,绕草绳应特别注意底部草绳一定要兜好、勒紧、顺序码齐。将包打好留一绳头绕在树干的根基处。打好包后再围上腰绳,腰绳宽度应根据土球大小而定,一般为 6 ~ 10 道,绕腰绳要从上往下绕位置适中,围完腰绳再上下用草斜挖一小沟并将封底用草绳紧紧拴在草绳上,然后将树推倒,用蒲包将底封严,用草绳错开勒紧,捆成双十字形或五角形。

③运输

装、运、卸、假植树木时均要保证树木根系、土球的完好,不得折断树木主尖、枝条,不要伤树皮,卸车后不能立即栽植,应埋土假植保护好根系。

④挖树穴

刨坑刨槽位置要准确，坑径应根据根系、土球大小和土质情况而定，刨坑刨槽要直上直下成桶形，不得上大下小或上小下大，不然会造成窝根或填土不实。

坑径一般可较规定的根系或土球直径大 20 ~ 30cm。

如土质含有有害物质如：白灰、沥青或土质过黏过硬则应加大坑径 1 ~ 2 号。

⑤定植

栽植的质量标准：植前为了减少蒸发，保持树势平衡及树木成活，栽植前应进行适当的修剪，修剪时必须剪口平滑，并注意留芽位置，根部修剪，剪口也必须平滑，修剪要符合自然树形并按设计要求而定。灌木修剪应保持其自然树形，短截时树冠要保持外低内高，疏枝应保持外密内疏，对枯老、病虫、断枝应剪去。

栽植的位置要符合设计图纸，栽时树木高矮、干径大小要搭配合理，排列整齐，栽植的树木本身要保持上下垂直不得倾斜、树表好的一面应迎着主要方面。栽植行道树必须横平竖直，树干应在一条线上相差不得超过半个树干，树木的高矮相邻树木不得相差 50cm。栽植经篱株行距要均匀，丰满的一面要向外，高和冠大小要搭配均匀合理。栽植填土分层填实，栽植深浅要适合，一般树木应与原土痕平，栽植带土球树木土球的包装物应尽量取出。

散苗要按设计位置散苗，散苗时注意保护根系、树尖、枝条和土球的完整，以保证树木的成活。

栽植的操作方法：种植前应进行苗木根系修剪，宜将劈裂根、病虫根、过长根剪除，并对树冠进行修剪，保持地上地下平衡。

种植应按设计图纸要求核对苗木品种、规格及种植位置。

规则式种植应保持对称平衡，高度、干径、树形近似，种植的树木应保持直立，不得倾斜，应注意观赏面的合理朝向。

种植经篱行距应均匀。树形丰满的一面应向外，按苗木高度、树干大小搭配均匀。

苗圃修剪成型的绿篱，种植时应按造型拼栽，深浅一致。

种植带土球树木时，不易腐烂的包装物必须拆除。种植时根系必须舒展，填土应分层踏实，种植深度应与原种植线一致。

⑥缠干

缠干要紧实，高度视树种决定。乔木一般至截干处约 50cm，大乔木至树木分叉上部，大灌木视情况确定缠绕高度，小灌木不需缠。

⑦支撑

根据树种，按照设计规定用杉木做三角支撑或连片整体支撑，地面支撑点要深入地下不小于 30cm。

⑧修剪

去掉枯枝、内膛枝、弱枝、交叉枝等，剪口要平滑，并涂抹液体石蜡以保护伤口并减少水分蒸发。

⑨浇水

第一遍水一定要浇透，以浇水穴满后 10 分钟不渗完为参考依据，10 日内再浇两遍透水。

(4)地被植物及草坪栽植

施工顺序：整地——选苗——栽植

①整地

地表 30cm 以内的土壤过筛，清除杂物。对于被污染的和经测量 pH 值土壤过酸或过碱不适于植物生长的土壤予以更换，对于土壤团粒结构不好，过于黏重、缺乏腐殖质的土壤增施有机质，沙质土适当补充黏土，并充分拌匀。整地同时施入有机肥、杀虫剂、土壤消毒剂。

②选苗

选取生长旺盛、枝叶繁茂、根系发达、冠形完整、色泽正常、无病虫害、无机械损伤的苗木。分栽用草坪以二年生、致密、均匀、附带土壤较厚、草坪卷不散为宜。

③栽植

按照设计地点、形状（或图案）、密度均匀进行栽植。栽植后对绿篱、植物模纹用绿篱机修剪整齐，浇透水。

四、养护措施

1. 灌溉与排水

（1）灌溉时期

对新栽植的树木草皮应根据不同种类和不同立地条件进行适期、适量的灌溉（浇水），应保证土壤中的有效水分。灌溉要一次浇透，尤其是春夏季节。

用人工方法向土壤内补充水分为灌溉。新建园林植物地往往栽植的是大苗或大树，带有较多的地上部分，蒸腾量大、栽植后为了保持地上、地下部分水分平衡，促发新根，保证成活，必须经常灌溉，使土壤处于湿润状态，在5～6月气温升高、天气干旱时，还需向树冠和枝干喷水保温，此项工作于清晨或傍晚进行。灌水大致分为三个时期：

①保活水：即在新植株定植后（北方地区往往以春季栽植为主），为了养根保活，必须滋足大量水分，加速根系与土壤的结合，促进根系生长，保证成活。

②生长水：夏季是植株生长旺盛期，大量干物质在此时间形成，需水量大，此时气温高，蒸腾量也大，雨水不充沛时要灌水。如夏季久旱时更应勤灌。

③冬水：由于北方地区冬季严寒多风，为了防寒，入冬前应灌一次冬水。冬水作用有三：一是水的比热大，热容量高，可适当提高地温、保护树木免受冻害；二是较高地温可推迟根系休眠，使根系能吸收充足的水分，供蒸腾消耗需要，可免于枯梢；三是灌足冬水，使土壤有充足的储备水，翌年春天干旱时，也不至于受害。

除上述三大时期灌水外，如给植株施肥，施肥后应立即灌水，促使肥料渗透至土壤内，成为水溶液状态为根系所吸收，同时灌水可使肥料浓度稀释而不致烧根。

（2）灌水次数和灌水量

①灌水次数：植株一年中需灌水的次数，因种类、地区和土质而差异。北方地区因干旱、多风、寒冷，灌水次数要增加，尤其新植树木，每年至少集中6次灌水以上，即4、5、6、9、10和11月。所谓集中灌水，并非灌溉一次，如春季新植时的一段时间内要每隔1～2天灌一次，在这段时期内的灌水就是集中灌水，只能算作一次。

②灌水量：耐干旱的种类灌水量少些，反之则多些，灌水时做到灌透，切忌仅灌湿表层，一遇大风易刮倒。灌透的意思是浇灌至栽植层，但又不可过量。如水量过多，会减少土壤空气，根系生长会受到抑制。灌水以土壤中达到田间持水量的60%～80%最合适。

（3）灌水方法

①沟灌：于栽植行间开沟，引水灌溉。这种方法省工省力，但用水量较大。

②盘灌：即向定植盘内灌水，此法省水，经济。

③喷灌：属机械化作业，适用于大面积绿地草坪。

④润灌：将一定粗度的水管巡在土壤中或植株根部，将水一滴一滴地注入根系分布范围内。此法省工、省水、省时，是一种科学合理的灌溉方法，但一次性投资较大。

灌水还必须注意，水源有河水、井水、自来水、生活污水等，不论何种水，必须无毒害。灌水前做到土壤疏松，灌水后用干土覆盖之后再进行中耕，切断土壤毛细管，减少水分蒸发。

(4)排水

土壤出现积水时，如不及时排出，对植株生长会严重影响。这是因为土壤积水过多时，土壤中严重缺氧，此时，根系只能进行无氧呼吸，会产生和积累酒精，使细胞内的蛋白质凝固，引起死亡。土壤通气不良，好气性细菌活动受阻，嫌气性细菌大量活动，会影响土壤内营养元素的有效度。土壤缺氧时，还会产生毒害根系的还原性物质。北方 7 月份为夏季多雨期，排水工作主要在这一季节。暴雨后应尽快排除积水，尤其夏季积水不能超过 6h。

排水方法：一是可以利用自然坡度排水，如修建和铺装草坪时，即安排好 0.1% ~0.3% 的坡度；另一种是开设排水沟，将其作为工程设计的一项内容，可设计明沟，在地上表挖明沟，在地下埋设管道，无论明沟暗沟，均要安排出水处。

2. 施肥

树木的施肥应以有机肥为主，同时适当施用化学肥料。施肥方式以基肥为主，基肥与追肥兼施。

树木在整个生长期都需要氮肥。在生长期，除需要氮、磷外，也需要一定数量的钾肥；开花结果时期，植物对各种营养元素的需要都特别迫切，而钾肥的作用更为重要。植物生长后期，对氮和水分的需求一般很少，应控制施肥和灌溉。

树木在春季和夏季需肥多。具体的施肥多少因树种的不同而异。

施肥分为土壤施肥和叶面施肥。

栽植的各种园林植物，尤其是木本植物，将长期从一个固定点吸收养料，即使原来肥力很高的土壤，肥力也会逐年消耗而减少，因此应不断增加土壤肥力，确保所栽植株旺盛生长。

(1)肥料种类

施肥要有针对性，即因种类、年龄、生育期等不同，要施用不同性质的肥料，才能收到最好的效果。肥料通常分速效肥和迟效肥(长效肥)。速效肥多系人工合成的化学肥，迟效肥多系厩肥、堆肥等农家肥。前者一般作追肥用，后者多作基肥用。按肥料所含的营养元素可分为氮肥、磷肥、钾肥以及微量元素肥料。含有不同元素的肥料对植物生长的作用不同，施用也不同。氮肥能促进细胞分裂和生长，促进枝叶快长，并有利于叶绿素形成，使植株青翠挺拔。氮肥或含氮为主的肥料应在春季发叶、发梢、扩大冠幅之际大量施入。花芽分化时期，如氮肥过多，枝叶旺长，会影响花芽分化，故此时应多施以磷为主的肥料，促进花芽分化，为开花打下了基础。为了防止植株徒长，能安全越冬，秋季应使植株能按时结束生长，所以要加施磷肥、钾肥，停止使用氮肥。

基肥一般在栽植前施入土壤中或施入栽植穴中，且应是腐熟好的，切忌用生粪。此外，还可在早春和深秋时，土壤结冻前给大树施农家肥，即刨开树盘，将农家肥施入，再覆土盖土，春夏之际，随灌水及降雨，使肥分逐渐渗入植株根部为其吸收利用。

(2)施肥方法

①环状沟施肥法：秋冬季树木休眠期，依树冠投影地面的外缘，挖 30 ~40cm 的环状沟，深度 20 ~50cm(可根据树木大小而定)将肥料均匀撒入沟内，然后填土平沟。

②放射状开沟施肥法：以根际为中心，向外缘顺水平根系生长方向开沟，由浅至深，每株树

开5~6条分布均匀的放射沟,施入肥料后填平。

③穴施法:以根际为中心,挖一圆形树盘,施入肥料后填土。也有在整个圆盘内隔一定距离挖小穴,一个大树盘挖5~6个小穴,施入肥料后填平。

④全面施肥法:即整个绿地秋后翻地施肥。

肥料除了施入土壤中可被根系吸收到利用外,随着植物生长素的开发应用,已试验成功根外施肥法,即将事先配制好的营养元素,喷洒至植株枝叶上,被其吸收利用,制造有机物质,促使植株生长。根外追肥要严格掌握浓度,应参考配比说明操作,切勿盲目施肥,以免烧伤叶片。

3. 中耕除草

树木周围需要经常松土透气,控制杂草的生长。

中耕是指采用人工方法促使土壤表层松动,从而增加土壤透气性,提高土温,促进肥料的分解,以利于根系生长。中耕还可切断土壤表层毛细管,增加孔隙度,以减少水分蒸发和增加透水性,因此有人称中耕为不浇水的灌溉。园林绿地需经常进行中耕,因为土壤受践踏会板结中,久之影响植物正常生长。

中耕深度依栽植植物及树龄而定,浅根性的中耕深度宜浅,深根性的则宜深,一般为5cm以上,如结合施肥则可加深深度。

中耕宜在晴天,或雨后2~3d进行。土壤含水量在50%~60%时最好。中耕次数:花灌木一年内至少1~2次,小乔木一年至少一次,大乔木至少隔年一次。夏季中耕同时结合除草一举两得,宜浅些;秋后中耕宜深些,且可结合施肥进行。

杂草消耗大量水分和养分,影响园林植物生长,同时传播各种病虫害。一块好的园林绿地如杂草滋生,令人有荒芜凋零之感,降低了观赏价值,故对园林绿地内的杂草要经常灭除。除草要本着“除早、除小、除了”的原则进行。初春杂草生长时就要除,但杂草种类繁多,不是一次可除尽的,春夏季要进行2~3次,切勿让杂草结籽,否则翌年又会大量滋生。

风景林或片林内以及保护自然景观的斜坡上的杂草,可增加地表覆盖度,使黄土不见天,减少灰尘,也可减少地表径流,防止水土流失。同时还保持了田野风光,增添自然风韵,可以不除。但应进行适当修剪,尤其剪掉过高的杂草,保证在15~20cm之间,使之整齐美观。

除草是一项繁重的工作,一般用手拔除或用小铲、锄头除草,结合中耕也可除去杂草。用化学除草剂除草方便、经济、除净率高。除草剂有灭生性和内吸性两类。灭生性除草剂能杀死所有杂草,内吸选择性除草剂有2、4—DI脂等,往往只杀死双子叶植物,如灰菜、猪芽菜等,而对单子叶如禾本科杂草无效。除草剂应在晴天喷洒。

4. 整形与修剪

整形与修剪是园林植物栽培过程中一项十分重要而又很有情趣的养护管理措施。整形修剪的目的除了可以调节和控制园林植物生长与开花结果、生长与衰老更新之间的矛盾外,重要的在于满足观赏的要求,达到美的效果。整形往往通过修剪,故通常将二者称整形修剪。

根据树种的生长习性来进行不同的修剪整形。呈尖塔形,顶芽生长力强盛的乔木应侧重修剪侧枝,保留中央主干;对于顶势生长力不强的树种,可修剪成丛状或半球状;对发枝力弱的树种则应少行修剪或只行轻度修剪。

修剪的顺序要按照“由基到梢,由内到外”的原则。其中松柏类树种多不行修剪或仅采取自然式整形的方法,每年仅将病枯枝去除即可。

绿篱修剪时,其侧面要呈梯形修剪,这样可以使下部枝叶受到充分的光照而生长茂密不易秃裸。

园林植物修剪受植物自身和外界环境等诸多因素制约,是一项理论性和补遗性都很强的工作,这里仅就以下方面简单介绍。

(1)整形修剪的方式

整形修剪主要针对室外木本植物而言,由于各种树木生长的自身特点以及对预期达到的观赏要求不同,整形修剪的方式也不同,大体可分为:

①人工式修剪

将树冠修剪成各种特定的形状,如多层式、螺旋式、半圆式或侧半圆式、单干、双干、曲干、悬垂以及各种动物形,甚至修剪成亭、台、牌楼和绿门、绿篱等。以上修剪的特定形式,不是按树冠生长规律进行,一段时间后会长出参差不齐的枝条,破坏了原造型,故要经常修剪。这种修剪方法在西方式园林中应用较多,我国某些园林绿地也有用此修剪法造型。

②自然式修剪

由于每种树木都有一定的树形,通常整形修剪保持其原有的自然生长状态,充分体现其自然美,这种方式称自然式修剪。如垂柳、垂榆、龙爪槐以及水杉、雪松等,修剪时应保持其树冠的完整,仅对病虫枝、伤残枝、重叠枝、内杈过密和根部蘖生枝以及由砧木上萌发的枝条(垂柳、龙爪槐、刺槐等)进行修剪。而对诸如雪松、龙柏、云杉等,为增添园林景色,要求干基枝条不光秃,形成自下至上完整圆满的绿体,下部枝条不修剪,只对上边的病虫枝、枯死枝及影响树形的枝条进行修剪。

③自然和人工混合式修剪

是采用符合人们观赏需要和树木生长要求,在自然形式基础上修剪的一种修剪方法。这种方法主要适用于干枝较弱或无主枝的一些树种。可修剪成以下各种形状:

环状形:适用于京桃造型,在苗圃内定植一年生苗后进行。头年距地面 45 ~60 处截干,翌年春萌发后,先留 3 个生长粗壮、分布均匀的枝条任其生长。如枝条与主干之间夹角不够理想,可用支棍使它们与主干呈 45°角,冬季将 3 个枝条留 60 ~70cm 剪短、剪口芽位置在枝条两侧。第二年春季任其萌发抽梢,可得 6 个主枝。冬季将枝条留 60 ~70cm 再剪短,各枝留上 2 个剪口芽,第三年春可萌发 12 个粗壮分支,即完成造型。栽植在绿地后,每年注意维修树形,剪去乱枝、密生枝和病虫枝等,使树冠内膛扩张。

开心形:常用于法桐。在主干 50 ~200cm 处,上留 3 个主枝,每个主枝上留 2 ~4 个侧枝。留 4 个侧枝时,第 1、第 3 侧枝在同一方向,第 2、第 4 侧枝则在相对方向,各侧枝间距离约 30 ~40cm,任其生长,形成半网形开张树冠。

丛生形:用于无中央主干、主机时枝条极度不明显、枝条细弱而根蘖力强、调度不超过 2m 的植株,如山梅花、连翘、刺玫、榆叶梅等。除在植株衰老齐地面或一定高度处剪断,使株丛更新健壮外,一般只修剪去乱枝、伤残枝及病虫枝。

头状形:将耐修剪的树木如三角枫、五角枫、黄杨、桧柏等,修剪成圆球形树冠,用以组景。

匍匐式:对于自然铺地生长的爬地柏、水地柏、鹿角桧等,给予适当修剪后,使造型更优美。

(2)整形修剪的时期

园林树木整形修剪常年可进行,如结合抹芽、摘心、除蘖、剪枝等,但大规模整形修剪在休眠期进行为好,以免影响树势。

(3)各种用途树木的整形修剪

园林绿地中栽植着各种用途的树木,即使是同一种树木,由于园林用途的不同,其修剪整形的要求也是不同的。下面分别将其要点叙述于下。

一般言之，对树冠不加专门的整形工作而多采用自然树形。行道树树冠与树高的比例大小，视树种及绿化要求而异。行道树的树冠高度以占全树高的1/2～1/3为宜，如过小则会影响树木的生长量及健康状况。在具体修剪时，除人工式需每年用很多的劳力进行休眠期修剪以及生长期修剪外，对自然式树冠则每年或隔年将病枝、枯枝及扰乱树开的枝条剪除，对老、弱枝进行短剪，给以刺激使之增强生长势。对于基部发生的萌蘖以及主干上有不定芽生长的冗枝，均应剪除。

5. 防寒

冬初灌“封冻”水，草绳绕树干以及根部堆土，保障水分供应，增加抗旱能力，确保树木安全越冬。某些园林植物，尤其是南种北移的树种，难以适应北方的严寒冬季，早春树木萌发后，遭受晚霜之害，而使植株枯萎。为防止上述冻害发生，常采取以下措施：

(1)加强栽培管理，增强树体的抗寒能力。在生长期适时适量施肥、灌水，促进树木健壮生长，使树体内积累较多的营养物质与糖分，可以增强树体的抗寒能力。但秋季必须尽早停止施肥，以免徒长，枝梢来不及木质化，反受冻害。

(2)灌冻水与春灌。北方冬季寒冷，土壤冻层较深，根系有受冻的危险。可在土壤封冻前灌一次透水，称冬灌或灌冻水，这样可使土壤中有较多水分，土温波动较小，冬季土温不致下降过低，早春不致很快升高。早春土壤解冻及进灌水(灌春水)，能降低土温，推迟根系的活动期，延迟花芽萌动和开花，免受冻害。

(3)保护根茎和根系。在严寒的北方，灌冬水之后在根颈处堆土防寒很有效果，一般堆土40～50cm高并堆实。

(4)保护树干

包裹：入冬前用稻草或草绳将不耐寒树木的主干包起来，包裹高度1.5m或包至分枝处。

涂白：用石灰水加盐或石硫合剂将主干涂白，可反射阳光，减少树干对太阳辐射热的吸收，降低树体昼夜温差，避免树干冻裂。还可杀死在树皮内越冬的害虫。涂白要均匀，不可漏涂，一条干道上的树木或成群成片树木，在主风侧可打塑料防寒棚，或用秫秸设防风障防寒。

6. 打雪与堆雪

北方冬季多雪，降雪之后，应及时组织人力打落树冠上的积雪，特别是冠大枝密的常绿树和针叶树，要防止发生雪压、雪折、雪倒。如枝冠上有雪堆积、雪化时吸收热量，使树体降温，会使树冠顶层和外缘的叶子受冻枯焦。降雪后将雪堆在树根周围处，可防止根部受冻害。春季雪化后，可增加土壤水分，降低土温，推迟根系活动与萌芽的时期，避免晚霜或春寒危害。

五、植物病虫害防治措施

1. 绿化植物病害及其防治

绿化植物病害可按性质分为传染性病害和非传染性病害两大类。由营养物质缺乏或过剩、水分供应失调、温度过低或过高、光照不足、环境过湿、土壤中有害盐类含量过高或过低、空气中存在有毒气体以及药害、肥害等引起的病害不具有传染性，称非传染性病害或生理性病害，如缺铁常造成叶黄化，缺磷影响花蕾开花，施肥过多易造成植株徒长。

在传染性病害中，绝大多数是由真菌引起的，其次是由病毒和细菌引起的，而由其他病原物引起的病害占少数。这类病害主要是借风、雨水、流水、昆虫、种苗、土壤、病株残体以及人类活动等传播，不断地再侵染。总之，绿化植物病害的发生是在一定的环境条件下受病原物的侵染造成的。病原物传染植物使其发病的过程称为病程，病程可分为接触期、侵入期、潜育期和发病期四个时期。病害发展到最后一个时期病原物就可以进行繁殖、传播并扩大蔓延。

2. 绿化植物害虫防治

绿化植物在生长发育过程中,可能遭受害虫的危害,严重时会使种苗及观赏植物资源受到巨大损失。

常用的防治方法有:土壤灭菌处理,使用杀虫剂、杀菌剂对植物进行喷雾,及生物治疗。通过竞争作用、抗生物质作用、寄生作用、捕食作用和交互保护反应来抑制病原。生物防治不会破坏生态平衡,不污染环境,应大力提倡。另外,树干涂白,也是防止病虫害的一个有效方法。

绿化植物在生长发育过程中,时常遭到各种病、虫害,轻者造成生长不良,失去观赏价值,重者植株死亡,损失惨重。因此,有效地保护观赏植物,使其减轻或免遭各种病、虫害,是园林绿化工作者的重要任务之一。

六、确保工程质量的技术组织措施

1. 质量方针和目标

严格遵循"过程控制、服务诚信、顾客满意、铸造精品"的质量方针和"创优质工程,赶一流水平,工程一次合格率达 100%,优良率达到 90% 以上"的质量目标。

2. 质量保证措施

(1)质量控制机构

成立质量管理领导小组,负责整个工程施工的质量管理工作,成员由项目经理、总工程师、质检工程师、材料部经理等组成,制订整个合同段工程质量创优规划,保证质量目标实现的措施。各施工队分别设立施工现场质量管理小组,重点落实、责任到人、实行全员、全过程质量控制。

(2)狠抓质量管理的基础工作

①认真熟悉合同文件及有关技术、质量要求、熟悉设计图纸,领会设计意图,对图示各结构以及轴位尺寸、高程,必经一一验收,并与实地核对,做到准确无误,以免出现缺陷及返工浪费。

②熟悉并掌握技术规范和质量验收,评定标准,具体指导工程施工。

(3)建立健全各种规章制度,严格按照国家规定的城市绿化工程施工的行业标准进行规范操作,本公司针对此工程编写了相应的施工手册作业。

(4)全面推行质量管理,质检人员对施工的各个环节及时检查,发现问题及时纠正。严把购物购苗关,所购材料要经过监理和本公司质检部认可后方可使用。做到"不符合质量要求的物料、苗木不用,不达标的施工内容返工,上工序不达标,下工序不进行"。

(5)按规定向监理工程师提供文件,资料,配合监理工程师做好各项检查工作。

(6)严格按照《城市园林绿化养护管理标准》,按其有关内容编写本项目的管理手册,养护人员经过培训后方可上岗。

(7)严格按规范要求进行操作,对主要操作项目,要重点监控。

七、安全环保管理组织机构

1. 确保安全施工的技术组织措施

我公司深入贯彻"施工前为用户着想,施工中对用户负责、竣工后让用户满意"的质量承诺,搞好"安全第一,文明施工"。

(1)认真贯彻执行安全生产责任制及安全规范,成立以项目经理为首的安全保证体系,负责对本工程安全生产进行全面管理，各职能部门必须认真执行。

(2)建立健全各种安全管理规章制度，并在进场前对工人进行安全交底，对安全事故预防为主，对违章作业者视情节轻重进行罚款处理，以经济手段进行安全管理，防止工伤事故发生。在进行各级经济承包时，必须有安全生产指标。

(3)对全体参与施工的管理及操作人员，进行现场施工前的安全教育，贯彻有关安全文件精神，落实安全生产岗位责任制及现场安全规章制度。

(4)特殊工种上岗操作必须有操作证，严禁无证操作。

(5)建立以项目经理为首的安全控制体系。

(6)成立工地安全小组，全面负责安全管理、检查、督促施工中的安全事宜，发现问题及时解决，随时排除事故隐患。

(7)对现场施工人员做好安全教育工作，各工种必须遵守各项操作规程，凡进场人员必须正确使用“三宝”，强制执行安全罚款制度。

(8)施工中在“四口”设置安全网。

(9)现场电源必须按规定布置，严禁乱拉乱接电线，非机械人员严禁使用各种机械和电力设备。

(10)加强消防安全工作，现场严禁生火。

(11)各级管理人员，必须做好所管范围内的安全防护工作，施工人员在作业时必须遵守安全操作规程，做到“三不伤害”，认真落实“三宝”、“四口”和“五临边”的防护工作。

(12)各种材料堆放整齐，保证施工现场道路的畅通。

2. 确保工程文明施工的组织措施

现场文明施工的好坏直接关系到企业的外部形象，为保证工程施工文明有序，拟采取以下措施：

(1)加强对职工的思想品质、道德教育，杜绝酗酒闹事、赌博等违法行为。

(2)沿线施工作业区设置明显的边界。

(3)场内按施工组织设计砌筑水沟，形成排水系统。保持场内雨水、生活污水经沉淀后排入指定排放地点，厕所设化粪池。

(4)工地驻地设项目概况的简介牌，项目部科室统一挂牌，施工人员统一制定胸卡。

(5)各种施工材料，构件分类堆放整齐，标识齐全，机械设备设专场维修保养。

(6)加强施工管理，按规定地点废弃渣土，施工便道应及时洒水。

(7)施工车辆应保持基本清洁，清洗应在专场进行。

(8)工地饮用水供应、厕所等制订相应管理制度。

(9)尊重当地风俗，与沿线居民、临近施工单位等搞好关系，避免各种纠纷的发生。

3. 确保施工工期的组织措施

我公司技术部在对该工程进行了详细解析后，结合本公司施工能力，编制了工程进度计划，实行总体网络控制总工期，并在此基础上划分施工阶段，编制分部分项工程节点计划，抓住关键路线，及时解决问题，确保按计划顺利完工。

(1)劳动组织措施

①工地建立工期保证体系，使各部门上下对口，由项目经理统一指挥，计划材料、机械设备、财务劳资、施工管理等部门按总体布置明确岗位责任，确保计划工期。

②建立实施工程进度计划的组织结构，理顺各部门的分工协作关系，明确各施工人员的责

任，对完不成计划的要根据具体情况迅速做出处理。必要时采取经济与行政措施，对各个施工人员进行奖罚。根据工期及各分部分项工程施工周期，科学合理的组织施工，形成各分部分项工程在时间空间上的充分利用和紧凑搭接，搞好立体交叉作业，从而缩短施工工期。

采用施工总进度计划与分段进度计划、日周进度计划相结合的四级网络进行施工进度计划的控制与管理，并用计算机技术进行动态管理。抓住主导工序，做好劳动力组织协调工作，通过网络节点控制目标的实现来保证各控制点工期的实现，从而确保总工期目标的实现。

（2）主要赶工措施

①加大机械设备和周围材料投入，充分发挥本工程作业面大的优势，提高机械化施工度，减轻劳动强度，提高工效。

②在施工关键线路上，充分利用工作面，实行三班作业。

③开展劳动竞赛，以确保工期的目标实现。

④采用同工种流水作业，使各班组尽快尽早插入施工。

⑤在保证材料的质量和数量的同时，与各个长期业务关系户签订批量供货合同，享受“量大从优”的最低价格，以此降低造价成本，减少采购中的不确定因素，保证材料按时保质供应。避免“人等料”现象发生。

⑥奖罚保证措施：为保证本项目工程按时保质的完成，我公司设立了多项奖罚措施，保证了施工的连续性。

八、绿化工程的施工体会

在绿化施工中，我们的工作是在项目公司、监理处的正确领导和鼎力支持下，以及交叉施工单位的相互友好协调配合，通过努力才得以顺利完成的。

我单位通过本次绿化施工，深深体会到了项目公司严格认真的工作作风和爱岗敬业的工作面貌，监理处的各位工程师的热情周到，给我们的施工人员上了一次深刻的实践课。为此，我们的项目部全体人员，加强了施工人员的技术、素质教育，在切实保障施工质量、施工工期的前提下，做好安全施工、文明施工，整个施工环节中没有出现安全事故以及不文明事故。

九、绿化工程的施工总结

在项目公司、监理处的领导和支持下，集中投入大量人力、物力、财力，保证了工程的完成。2006 年 12 月 15 日，立即组织工作人员到位，对整个绿化区域全面检查维护，及时清理死亡苗木，抓住有利季节补栽，不断加强养护的管理水平，确保绿化景观效果。

经过严格自检，认为达到合同要求，确保合格，特报请进行初步交工验收。

后附：大广线开通段苗木工程量一览表

河南绿金州园林工程有限公司

2009 年 4 月

大广线开通段苗木工程量一览表

序号	区　　域	项 目 名 称	规　　格	单位	数量	备注
1	孙寺互通立交区	旱柳	胸径 30～40cm	棵	3	合格
2	孙寺互通立交区	垂柳	胸径 30～40cm	棵	8	合格
3	孙寺互通立交区	旱柳	胸径 12～15cm	棵	64	合格
4	孙寺互通立交区	垂柳	胸径 12～15cm	棵	307	合格
5	孙寺互通立交区	红叶李	D10-12	棵	246	合格
6	孙寺互通立交区	金丝柳	胸径 12～6cm	棵	828	合格
7	孙寺互通立交区	三倍体毛白杨	胸径 10～15cm	棵	561	合格
8	孙寺互通立交区	馒头柳	胸径 12～15cm	棵	162	合格
9	孙寺互通立交区	黄金槐	胸径 10～12cm	棵	124	合格
10	孙寺互通立交区	三角枫	胸径 8～10cm	棵	267	合格
11	孙寺互通立交区	大叶女贞	胸径 8～10cm	棵	144	合格
12	孙寺互通立交区	千头椿	胸径 8～10cm	棵	350	合格
13	孙寺互通立交区	草坪(油菜籽)		m^2	131 613	合格
14	孙寺互通立交区	蜀桧	H2～3m	棵	10 900	合格
15	孙寺互通立交区	龙柏	H2～3m	棵	9 962	合格
16	孙寺互通立交区	雪松	H4～6m	棵	155	合格
17	孙寺互通立交区	金丝垂柳	胸径 6～8cm	棵	1 884	合格
18	孙寺互通立交区	白蜡	胸径 6～8cm	棵	3 578	合格
19	孙寺互通立交区	连翘	G80～100cm	棵	9 882	合格
20	孙寺互通立交区	大叶黄杨	G25～30cm	棵	7 848	合格
21	孙寺互通立交区	小龙柏	G25～30cm	棵	640	合格
22	孙寺互通立交区	国槐	胸径 10～12cm	棵	101	合格
23	路段与中央隔离	丛生紫薇	G90～120cm	棵	4 300	合格
24	路段与中央隔离	丛生红叶李	G90～120cm	棵	8 100	合格
25	路段与中央隔离	雪松	H4～6m	棵	100	合格
26	路段与中央隔离	龙柏	H2～3m	棵	10 550	合格
27	路段与中央隔离	木槿	G80cm,高 1.5m 以上	棵	481	合格
28	路段与中央隔离	独干黄杨	高 1.5m 以上,G80cm	棵	1 739	合格
29	路段与中央隔离	独干紫薇	D3cm,干高 1.6m 左右	棵	732	合格
30	路段与中央隔离	丛生石楠	G80cm,高 1.5m 以上	棵	660	合格
31	路段与中央隔离	大叶黄杨球	G90～150cm	棵	1 200	合格
32	路段与中央隔离	紫薇	G90～120cm	棵	200	合格
33	开封东收费站	碧桃	D4～6cm	棵	27	合格
34	开封东收费站	雪松	H4～6m	棵	26	合格
35	开封东收费站	石榴	G2.5m 分支点胸径 6cm	棵	5	合格
36	开封东收费站	桃	G2.5m 分支点胸径 6cm	棵	5	合格
37	开封东收费站	独杆紫薇	胸径 6cm	棵	137	合格

续上表

序号	区　域	项目名称	规　格	单位	数量	备注
38	开封东收费站	大叶女贞	胸径 4cm	棵	30	合格
39	开封东收费站	大叶女贞	胸径 10cm	棵	17	合格
40	开封东收费站	国槐	胸径 12cm	棵	71	合格
41	开封东收费站	金丝柳	胸径 12cm	棵	26	合格
42	开封东收费站	乔木红叶李	胸径 6cm	棵	110	合格
43	开封东收费站	高接黄杨球	G1.5m	棵	151	合格
44	开封东收费站	丛生黄杨球	G30cm	棵	50	合格
45	开封东收费站	营养钵连翘	三年生	棵	1 200	合格
46	开封东收费站	营养钵月季		棵	4 200	合格
47	开封东收费站	营养钵月季		棵	400	合格
48	开封东收费站	美人蕉	G100 ~ 120cm	棵	1 800	合格
49	开封东收费站	鸢尾		棵	1 000	合格
50	开封东收费站	竹子		棵	1 200	合格
51	开封东收费站	栾树	胸径 10(G50cm)cm	棵	20	合格
52	开封东收费站	白蜡	胸径 8 ~ 10cm	棵	20	合格
53	开封东收费站	香椿	胸径 8 ~ 10cm	棵	20	合格
54	开封东收费站	金叶女贞	G30cm	棵	8 000	合格
55	开封东收费站	红花酢浆草		棵	96 000	合格
56	开封东收费站	柿树	胸径 6cm	棵	3	合格
57	开封东收费站	紫玉兰	胸径 6cm	棵	40	合格
58	开封东收费站	果树		棵	40	合格
59	开封东收费站	营养钵小叶女贞	G25cm	棵	20 000	合格
60	开封东收费站	红花酢浆草		棵	33 250	合格
61	开封东收费站	红花酢浆草		棵	42 000	合格
62	开封东收费站	樱桃	G2.5m 分支点胸径 6cm	棵	5	合格
63	开封东收费站	红叶李	胸径 4 ~ 6cm	棵	20	合格
64	开封东收费站	大叶女贞	胸径 8 ~ 10cm	棵	45	合格
65	开封东收费站	龙柏	G25 ~ 30cm	棵	3 060	合格
66	开封东收费站	月季	2 ~ 3 年生	棵	2 178	合格
67	开封南收费站	蜀桧	H2 ~ 3m	棵	208	合格
68	开封南收费站	石榴	G2.5m 分支点胸径 6cm	棵	3	合格
69	开封南收费站	桃	G2.5m 分支点胸径 6cm	棵	3	合格
70	开封南收费站	柿树	胸径 6cm	棵	2	合格
71	开封南收费站	樱桃	G2.5m 分支点胸径 6cm	棵	3	合格
72	开封南收费站	丛生木槿	G1m,H2m	棵	45	合格
73	开封南收费站	丛生紫薇	G1m,H2m	棵	45	合格
74	开封南收费站	红叶碧桃	D4 ~ 6cm 分支点胸径 6cm	棵	5	合格

续上表

序号	区　　域	项 目 名 称	规　　格	单位	数量	备注
75	开封南收费站	丰花月季	2 年生	棵	140	合格
76	开封南收费站	小叶女贞	G40 ~ 50cm, H50 ~ 60cm	棵	2 020	合格
77	开封南收费站	楸树	胸径 10 ~ 12cm	棵	44	合格
78	开封南收费站	雪松	H4 ~ 6m	棵	68	合格
79	开封南收费站	黄杨球	G80 ~ 100cm	棵	12	合格
80	开封南收费站		G90 ~ 150cm	棵	14	合格
81	开封南收费站	月季	2 ~ 3 年生	棵	576	合格
82	开封服务区	碧桃	D4 ~ 6cm	棵	34	合格
83	开封服务区	石楠	G120 ~ 150cm	棵	20	合格
84	开封服务区	红叶李	D4 ~ 6cm	棵	54	合格
85	开封服务区	黄杨球	G100 ~ 150cm	棵	54	合格
86	开封服务区	大叶女贞	胸径 8 ~ 10cm	棵	51	合格
87	开封服务区	栾树	胸径 8 ~ 10cm	棵	24	合格
88	开封服务区	棕榈	H2 ~ 3m	棵	36	合格
89	开封服务区	雪松	H4 ~ 6m	棵	115	合格
90	开封服务区	紫荆	G80 ~ 100cm	棵	32	合格
91	开封服务区	美人蕉	H50 ~ 60cm	棵	374	合格
92	开封服务区	月季	2 ~ 3 年生	棵	2 178	合格
93	开封服务区	金叶女贞	G25 ~ 30cm	棵	15 300	合格
94	开封服务区	葱兰		m^2	5 438	合格
95	开封服务区	小龙柏	G25 ~ 30cm	棵	31 620	合格
96	开封南立交区	雪松	H4 ~ 6m	棵	79	合格
97	开封南立交区	大叶女贞	胸径 8 ~ 10cm	棵	80	合格
98	开封南立交区	合欢	胸径 8 ~ 10cm	棵	63	合格
99	开封南立交区	垂柳	胸径 8 ~ 10cm	棵	341	合格
100	开封南立交区	枫杨	胸径 8 ~ 10cm	棵	81	合格
101	开封南立交区	国槐	胸径 8 ~ 10cm	棵	70	合格
102	开封南立交区	红叶李	胸径 6 ~ 8cm	棵	28	合格
103	开封南立交区	广玉兰	胸径 6 ~ 8cm	棵	88	合格
104	开封南立交区	金丝垂柳	胸径 6cm	棵	49	合格
105	开封南立交区	石楠	G90 ~ 150cm	棵	234	合格
106	开封南立交区	蜀桧	H2 ~ 3m	棵	462	合格
107	开封南立交区	海桐	G30 ~ 40cm	棵	225	合格
108	开封南立交区	金丝柳	胸径 8 ~ 10cm	棵	378	合格
109	开封南立交区	大叶黄杨球	G80 ~ 100cm	棵	315	合格
110	开封南立交区	小龙柏	G25 ~ 30cm	棵	8 176	合格
111	开封南立交区	金叶女贞	G25 ~ 30cm	棵	11 808	合格

续上表

序号	区　　域	项 目 名 称	规　　格	单位	数量	备注
112	开封南立交区	小叶女贞	G30 ~ 40cm	棵	10 816	合格
113	开封南立交区	红叶小檗	G25 ~ 30cm	棵	6 096	合格
114	开封南立交区	紫薇	G80 ~ 120cm	棵	512	合格
115	开封南立交区	草坪(油菜籽)		m^2	12 599	合格
116	石岗互通立交区	水杉	胸径 8 ~ 10cm	棵	358	合格
117	石岗互通立交区	大叶女贞	H4 ~ 6m	棵	384	合格
118	石岗互通立交区	红叶李	胸径 4 ~ 6cm	棵	336	合格
119	石岗互通立交区	雪松	H4 ~ 6m	棵	461	合格
120	石岗互通立交区	广玉兰	胸径 4 ~ 6cm	棵	362	合格
121	石岗互通立交区	枫杨	胸径 8 ~ 10cm	棵	362	合格
122	石岗互通立交区	银杏	胸径 8 ~ 11cm	棵	362	合格
123	石岗互通立交区	白蜡	胸径 6 ~ 8cm	棵	439	合格
124	石岗互通立交区	栾树	胸径 8 ~ 10cm	棵	186	合格
125	石岗互通立交区	垂柳	胸径 8 ~ 10cm	棵	693	合格
126	石岗互通立交区	碧桃	胸径 4 ~ 6cm	棵	262	合格
127	石岗互通立交区	龙柏	H2 ~ 3m	棵	476	合格
128	石岗互通立交区	河南桧	H1.5 ~ 2.5m	棵	153	合格
129	石岗互通立交区	连翘	2 ~ 3 年生	棵	67 344	合格
130	石岗互通立交区	黄刺玖	G90 ~ 150cm	棵	2 329	合格
131	石岗互通立交区	丁香	G90 ~ 150cm	棵	3 358	合格
132	石岗互通立交区	月季	2 ~ 3 年生	棵	60 240	合格
133	石岗互通立交区	小叶女贞	G30 ~ 40cm	棵	56 032	合格
134	石岗互通立交区	草坪(油菜籽)		m^2	52 304	合格
135	石岗互通立交区	金丝柳	胸径 8 ~ 10cm	棵	385	合格
136	石岗互通立交区	黄杨球	G80 ~ 100cm	棵	385	合格
137	石岗互通立交区	丛生紫薇	G80 ~ 100cm	棵	385	合格
138	石岗互通立交区	蜀桧	H2 ~ 3m	棵	510	合格
139	石岗互通立交区	大叶女贞	胸径 8 ~ 10cm	棵	290	合格
140	石岗互通立交区	红叶李	胸径 6 ~ 8cm	棵	290	合格
141	开封东立交区	辛夷	胸径 12 ~ 15cm	棵	30	合格
142	开封东立交区	泡桐	胸径 8 ~ 10cm	棵	118	合格
143	开封东立交区	栾树	胸径 10 ~ 12cm	棵	123	合格
144	开封东立交区	馒头柳	胸径 8 ~ 10cm	棵	402	合格
145	开封东立交区	黄栌	胸径 8 ~ 10cm	棵	35	合格
146	开封东立交区	五角枫	胸径 8 ~ 10cm	棵	25	合格
147	开封东立交区	三角枫	胸径 8 ~ 10cm	棵	18	合格
148	开封东立交区	国槐	胸径 10 ~ 12cm	棵	108	合格

续上表

序号	区　域	项目名称	规　格	单位	数量	备注
149	开封东立交区	垂柳	胸径 8～10cm	棵	227	合格
150	开封东立交区		胸径 20～25cm	棵	10	合格
151	开封东立交区	毛白杨	胸径 10～12cm	棵	320	合格
152	开封东立交区	河南桧	树高 2～3m	棵	1 109	合格
153	开封东立交区	红叶碧桃	D4～6,树高 1.5～2m	棵	343	合格
154	开封东立交区	雪松	树高 4～6m	棵	410	合格
155	开封东立交区	大叶女贞	胸径 8～10cm	棵	193	合格
156	开封东立交区	金丝柳	胸径 12～15cm	棵	337	合格
157	开封东立交区	合欢	胸径 8～10cm	棵	211	合格
158	开封东立交区	淡竹	胸径 2～3cm,树高 2.5～3m	棵	8 500	合格
159	开封东立交区	榆叶梅	冠径 80～100cm	棵	1 191	合格
160	开封东立交区	大叶黄杨	冠径 25～30cm	棵	3 248	合格
161	开封东立交区	小龙柏	冠径 25～30cm	棵	9 672	合格
162	开封东立交区	连翘	冠径 80～100cm	棵	1 994	合格
163	开封东立交区	石榴	树高 1.5～2.5m,冠径 120～150cm	棵	80	合格
164	开封东立交区	月季	2～3 年生	棵	7 102	合格
165	开封东立交区	紫荆	冠径 120～150cm	棵	880	合格
166	开封东立交区	腊梅	树高 1.4～1.8m,冠径 80～100cm	棵	441	合格
167	开封东立交区	红梅	树高 1.4～1.8m,冠径 80～100cm	棵	293	合格
168	开封东立交区	紫薇	冠径 100～120cm	棵	1 801	合格
169	开封东立交区	鸢尾	2 年生	棵	4 200	合格
170	开封东立交区	龙柏	树高 2～3m	棵	5 842	合格
171	开封东立交区	草坪(油菜籽)		m^2	71 591	合格
172	开封东立交区	金丝垂柳	胸径 6cm	棵	1 330	合格
173	开封东立交区	法桐	胸径 8cm	棵	183	合格
174	开封东立交区	白蜡	胸径 8cm	棵	209	合格
175	开封东立交区	枫杨	胸径 8cm	棵	100	合格
176	开封东立交区	大叶女贞	胸径 8cm	棵	314	合格
177	开封东立交区	毛白杨	胸径 8cm	棵	134	合格
178	开封东立交区	桂花	G1.5～1.8m,H1.8～2m	棵	353	合格
179	开封东立交区	红叶李	胸径 4cm,G1.5～1.8m,H2～2.5m	棵	407	合格
180	开封东立交区	石楠球	H1.8～2m,G1.5～1.8m	棵	766	合格
181	开封东立交区	大叶黄杨球	H1.2～1.5m,G1～1.2m	棵	410	合格
182	开封东立交区	海桐球	G1～1.2m,H1.2～1.5m	棵	638	合格
183	开封东立交区	荷花	15 头以上/m^2	m^2	800	合格
184	开封东立交区	石楠	干高 1m 以上,干径 5～6cm	株	180	合格
185	开封东立交区	湿地松	胸径 6cm	株	370	合格

续上表

序号	区　　域	项目名称	规　　格	单位	数量	备注
186	开封东立交区	白皮松	高 2m	株	160	合格
187	开封东立交区	雪松	高 4～5m	株	125	合格
188	开封东立交区	黑松	高 2.5m	株	145	合格
189	开封东立交区	竹子	高 4m	株	7 200	合格
190	开封东立交区	法青	高 2.5m,冠径 1.2m	株	300	合格
191	开封东立交区	黄杨球	冠径 90cm 以上	株	450	合格
192	开封东立交区	龙柏球	冠径 1.2m,地径 9～10cm	株	1450	合格
193	开封东立交区	大叶女贞球	冠径 1.2m	株	830	合格
194	开封东立交区	枇杷	干径 5～6cm	株	50	合格
195	开封东立交区	梨树	地径 3cm 以上	株	210	合格
196	开封东立交区	苹果	地径 3cm 以上	株	70	合格
197	开封东立交区	石榴	地径 5cm 以上	株	30	合格
198	开封东立交区	杏树	地径 6cm 以上	株	60	合格
199	开封东立交区	樱桃	地径 3cm 以上	株	50	合格
200	开封东立交区	高干黄杨球	干高 40cm 以上,冠径 1.2m,地径 10cm	株	450	合格
201	开封东立交区	红叶石楠	干高 1 米以上,干径 5cm,冠径 1.5m	株	72	合格
202	开封东立交区	豆瓣黄杨	高 40cm	平方	180	合格
203	开封东立交区	卫矛	高 60cm	平方	22	合格
204	开封东立交区	桃树	地径 3cm 以上	株	25	合格
205	开封东立交区	木槿	H1.2～1.5m,G1～1.2m	棵	870	合格
206	开封东立交区	日本晚樱	胸径 5～6cm,G1.5～2m	棵	134	合格
207	开封东立交区	梨	地径 6cm	棵	49	合格
208	开封东立交区	桃	地径 6cm	棵	33	合格
209	开封东立交区	石榴	H1.8～2.5m,G1.5～1.8m	棵	30	合格
210	开封东立交区	红叶碧桃	H2～2.5m,D4cm,G1.5～1.8m	棵	124	合格
211	开封东立交区	丛生紫薇	H1.2～1.5m,G1.5～1.8m	棵	956	合格
212	开封东立交区	高干紫薇	胸径 4cm ,高 1.5m 以上	棵	265	合格
213	开封东立交区	独干黄杨	高 1.5m 以上,G80cm	棵	218	合格
214	开封东立交区	连翘	H0.8～1.2m,6 分支以上	棵	7390	合格
215	开封东立交区	南天竹	H40～50cm,G30～40cm	棵	4 775	合格
216	开封东立交区	金叶女贞	H0.3～0.5m,G30～40cm	棵	5 640	合格
217	开封东立交区	小叶女贞	H0.5～0.7m,G30～40cm	棵	8 910	合格
218	开封东立交区	红叶小檗	H0.5m,G30～40cm	棵	3 410	合格
219	开封东立交区	地被月季	3 年生	棵	22 142	合格
220	通许收费站	石榴	G2.5m 分支点胸径 6cm	棵	3	合格
221	通许收费站	桃	G2.5m 分支点胸径 6cm	棵	3	合格
222	通许收费站	樱桃	G2.5m 分支点胸径 6cm	棵	3	合格

续上表

序号	区 域	项目名称	规 格	单位	数量	备注
223	通许收费站	木荆	胸径 4 ~ 6cm	棵	180	合格
224	通许收费站	碧桃	胸径 4 ~ 6cm	棵	180	合格
225	通许收费站	金叶女贞	G30 ~ 40cm	棵	18 000	合格
226	通许收费站	红叶小檗	G30 ~ 40cm	棵	16 728	合格
227	通许收费站	紫薇	胸径 3cm	棵	214	合格
228	通许收费站	紫荆	胸径 4 ~ 6cm	棵	180	合格
229	通许收费站	丰花月季	2 年生	棵	400	合格
230	通许收费站	丛生木槿	G1.5 ~ 1.8m,H2 ~ 2.5m	棵	13	合格
231	通许收费站	红花酢浆草		棵	38 500	合格
232	通许收费站	丛生紫薇	G1.5 ~ 1.8m,H2 ~ 2.5m	棵	10	合格
233	通许收费站	红叶碧桃	D4 ~ 6cm,G1.5 ~ 2m	棵	5	合格
234	通许收费站	河南桧	H2 ~ 3m	棵	88	合格
235	通许收费站	雪松	H4 ~ 6m	棵	18	合格
236	通许收费站	栾树	胸径 8 ~ 10cm	棵	20	合格
237	通许收费站	鸢尾	2 年生	棵	5180	合格
238	通许收费站	垂柳	胸径 12 ~ 15cm	棵	48	合格
239	通许收费站	桂花	胸径 5 ~ 6cm	棵	11	合格
240	通许收费站	黄杨球	G100 ~ 120cm	棵	90	合格
241	通许主线行道	雪松	H4 ~ 6m	棵		合格
242	通许主线行道	蜀桧	H2 ~ 3m	棵	5 190	合格
243	通许主线行道	红叶李	胸径 5 ~ 6cm	棵	3 989	合格
244	通许主线行道	紫薇	G1.5 ~ 2m	棵	3 436	合格
245	通许主线行道	大叶女贞	胸径 6 ~ 8cm	棵	3 163	合格
246	通许主线行道	火棘	G1.5 ~ 2m	棵	1 628	合格
247	通许主线行道	丁香	G1.5 ~ 2m	棵	1 350	合格
248	行道试验段	紫薇	胸径 4 ~ 6cm	棵	2 052	合格
249	行道试验段	独杆黄杨球	G100 ~ 150cm	棵	684	合格
250	行道试验段	桧柏	H150 ~ 280cm	棵	684	合格
251	行道试验段	紫薇	胸径 4 ~ 6cm	棵	2 052	合格
252	通许停车区	广玉兰	胸径 8 ~ 10cm	棵	18	合格
253	通许停车区	水杉	胸径 8 ~ 10cm	棵	58	合格
254	通许停车区	小叶女贞	G30 ~ 40cm	棵	4 718	合格
255	通许停车区	红叶李	胸径 6 ~ 8cm	棵	97	合格
256	通许停车区	黄杨球	G80 ~ 100cm	棵	121	合格
257	通许停车区	黄刺玫	G90 ~ 150cm	棵	40	合格
258	通许停车区	青桐	胸径 8 ~ 10cm	棵	11	合格
259	通许停车区	国槐	胸径 12cm	棵	137	合格

续上表

序号	区　　域	项 目 名 称	规　　格	单位	数量	备注
260	通许停车区	栾树	胸径 10(G50cm)cm	棵	50	合格
261	通许停车区	金丝柳	胸径 12cm	棵	20	合格
262	通许停车区	高接黄杨球		棵	96	合格
263	通许停车区	独杆紫薇	胸径 6cm	棵	45	合格
264	通许停车区	乔木红叶李	胸径 6cm	棵	45	合格
265	通许停车区	鸢尾		棵	1 200	合格
266	通许停车区	草坪	白三叶	m^2	3 573	合格
267	通许停车区	草坪	白三叶	m^2	5 262	合格
268	通许停车区	法青	G200 ~ 250cm	棵	18	合格
269	通许立交区	合欢	胸径 8 ~ 10cm	棵	162	合格
270	通许立交区	垂柳	胸径 8 ~ 10cm	棵	225	合格
271	通许立交区	金丝柳	胸径 8 ~ 10cm	棵	120	合格
272	通许立交区	大叶女贞	胸径 8 ~ 10cm	棵	896	合格
273	通许立交区	月季	2 ~ 3 年生	棵	6 188	合格
274	通许立交区	黄杨球	G100 ~ 150cm	棵	125	合格
275	通许立交区	紫薇	G100 ~ 120cm	棵	159	合格
276	通许立交区	小叶女贞	G25 ~ 40cm	棵	26 780	合格
277	通许立交区	金叶女贞	G25 ~ 40cm	棵	38 415	合格
278	通许立交区	小龙柏	G25 ~ 40cm	棵	31 914	合格
279	通许立交区	草坪			34 993	合格
280	通许立交区	白蜡	胸径 6 ~ 10cm	棵	136	合格
281	通许服务区	红枫	胸径 4 ~ 6cm		30	合格
282	通许服务区	高接黄杨球	G1m	棵	777	合格
283	通许服务区	大叶女贞	胸径 6cm	棵	230	合格
284	通许服务区	乔木红叶李	胸径 6cm	棵	858	合格
285	通许服务区	红叶碧桃	胸径 4cm	棵	23	合格
286	通许服务区	独杆紫薇	胸径 6cm	棵	657	合格
287	通许服务区	石楠	G2m	棵	16	合格
288	通许服务区	国槐	胸径 12cm	棵	53	合格
289	通许服务区	金丝柳	胸径 12cm	棵	40	合格
290	通许服务区	塔桧	H1.5 ~ 2.5m	棵	305	合格
291	通许服务区	营养钵小叶女贞	G25cm	棵	61 355	合格
292	通许服务区	营养钵金叶女贞	G25cm	棵	49 920	合格
293	通许服务区	营养钵小龙柏	G45cm	棵	44 712	合格
294	通许服务区	美人蕉	三年生	棵	5 700	合格
295	通许服务区	海桐	G100cm	棵	51	合格
296	通许服务区	紫玉兰	胸径 6cm	棵	18	合格

续上表

序号	区　域	项目名称	规　格	单位	数量	备注
297	通许服务区	红花酢浆草		棵	25 000	合格
298	通许服务区	草坪	白三叶	m^2	17 970	合格
299	通许服务区	葱兰	三年生	m^2	40	合格
300	通许服务区	竹子		棵	1 000	合格
301	通许服务区	雪松	H350～400cm	棵	12	合格
302	通许服务区	蜀桧	H1.5～2cm	棵	200	合格
303	通许服务区	营养钵连翘	三年生	棵	1 000	合格
304	通许服务区	丛生黄杨球	G50cm	棵	680	合格
305	通许服务区	鸢尾		棵	7400	合格
306	通许服务区	营养钵月季		棵	50	合格
307	通许服务区	栾树	胸径 12cm	棵	18	合格

关于 KTGS. JD 合同段交工验收的申请

河南开通高速公路有限公司：

我单位负责建设的大广线开封至通许段高速公路机电工程于 2006 年 11 月 28 日全部完成并投入使用，按照《公路工程质量检验评定标准》（JTG F80—2004）及相关规定的要求对工程质量自检合格，竣工文件已编制完成、移交，具备交工验收的条件，现提出申请进行交工验收。

1. 交工验收申请范围

本次申请验收的范围为机电工程的收费、通信、监控三大系统。

2. 自检评定结果

我单位按照《公路工程质量检验评定标准》（JTG F80—2004）及相关规定的要求对工程质量进行了自我评定，分为收费、通信、监控三大系统。对每个分部工程、分项工程进行检查、评定后，汇总得出自检评定得分为 98.19 分，工程质量合格。

3. 工程量

本工程合同金额为 31 667 283.50 元（含 10 000 000 万元供配电照明系统暂定金），变更金额为 1 566 742.79 元，共分三期计量：

第一期 2006 年 12 月，计量金额 18 090 595.75 元；第二期 2007 年 4 月，计量金额 4 855 678.77元；第三期 2008 年 8 月，计量金额 287 751.77 元。

计量总金额 23 234 026.29 元，结算金额 23 234 026.29 元。

4. 尾留工程计划

本工程所有工程均已完成，无尾留工程，计划安排专人进行交工验收的准备工作。

附件：1. 大广线开封至通许段高速公路机电工程 KTGS. JD 合同段交工验收工程质量自检报告

2. 大广线开封至通许段高速公路机电工程施工总结报告

中咨泰克交通工程有限公司

开封至通许高速公路机电工程项目部

2009 年 4 月

大广线开封至通许段高速公路机电工程 KTGS. JD 合同段交工验收工程质量自检报告

一、工程概况

开封至通许段高速公路起点与黄河大桥顺接，进而与濮阳至开封高速公路相接，终点与扶沟至西华高速公路顺接。路线全长64.228km。沿途有5座互通（孙寺、开封东、开封南、石岗、通许）分别与连霍高速、G220（G310）、S327、日南高速、S325相接，本路计划于2006年11月建成通车。本路线按6车道高速公路标准设计，路基宽度28m（34.5m），中央分隔带宽度为0.56m，设计时速为120km/h。

开封至通许段高速公路的运营体制采用三级：第一级为河南省高速公路监控通信中心；第二级为开封至通许段高速公路监控通信分中心；第三级为收费站和服务区、停车区。

全线设置开封北、开封南、通许东收费站；1个服务区、1个停车区。

本路段设一处监控通信收费分中心，设在开封北互通，与开封北收费站合建。

二、单位、分部分项工程划分及检测结果

根据《公路工程质量检验评定标准》（JTG F80—2004）的规定，结合本合同实际情况，单位、分部分项工程划分如下：

序　　号	单位工程名称	分部工程名称	得分
1	机电工程（监控系统）	微波车辆检测器	98.5
		能见度检测器	99
		可变信息情报板	99.5
		道路监控摄像机	98
		大屏幕投影仪	97
		监控中心设备	97
		光、电缆线路	98
		闭路电视监控	97.5
2	机电工程（收费系统）	车道设备	97.5
		自动发卡机	99
		收费中心设备	98
		收费站设备	99
		内部有线对讲	97
		Ups 供电设备	100
		闭路电视监控	98
		光、电缆线路	97

续上表

序　　号	单位工程名称	分部工程名称	得分
3	机电工程(通信系统)	通信管道与光、电缆线路	98
		光纤数字传输系统	99
		数字程控交换系统	99.5
		紧急电话系统	97.5
		通信电源	98

三、评定过程及依据

评定工作依据《公路工程质量检验评定标准》(JTG F80—2004),《公路工程竣(交)工程验收办法》(交通部令2004年第3号)进行合同段划分为单位工程、分部工程和分项工程,就及时地进行检查、评定,并经监理工程师签署意见,最终汇总到分部、单位、合同段工程质量得分。

四、自检结论

通过对我合同段各分项、分部及单位工程的评定汇总,合同段工程质量自检评定得分98.19分,合同段工程质量等级为合格。

中咨泰克交通工程有限公司
开封至通许高速公路机电工程项目部
2009年4月

大广线开封至通许段高速公路机电工程施工总结报告

开封至通许高速公路起点与黄河大桥顺接,进而与濮阳至开封高速公路相接,终点与扶沟至西华高速公路顺接。路线全长64.228km。沿途有5座互通(孙寺、开封东、开封南、石岗、通许)分别与连霍高速、G220(G310)、S327、日南高速、S325相接。

大广线开封至通许段高速公路是河南省高速公路网的重要组成部分,省政府、省交通厅及省公路管理局非常重视,要求机电工程2006年上半年开工,2006年年底建成通车。针对具体情况,根据省政府和省交通厅要求,本项目自我加压,克服房建、土建提供施工界面较晚、工期紧的困难,昼夜加班,使得该路段于2006年11月28日顺利开通。

大广线开封至通许段高速公路机电系统的规划、设计、施工等环节做到科技创新、大胆实践。我们将系统先进、功能完善的电子信息产品运用到机电工程中,采用先进的信息通信技术、网络技术提升了大广线开封至通许段高速公路的运营管理水平,全面提高了大广线开封至通许段高速公路的交通智能化水平。

大广线开封至通许段高速公路机电工程项目是高速公路工程的重要组成部分,主要包括高速公路全程监控系统、收费系统和通信系统。它既是保证高速公路实现高速、安全、舒适功能的必要组成部分,也是保障高速公路正常运营的必要手段。

大广线开封至通许段高速公路工程KTGS.JD合同段机电项目作为大广线开封至通许段高速公路工程的一部分,也是将来公司运营管理的重要手段。大广线开封至通许段高速公路机电工程项目于2006年9月1日由业主、监理签发开工令,到2006年11月28日我所完成大广线开封至通许段机电的施工任务,经过几个多月的安装、测试、运行,系统性能良好,达到了合同规定的系统试运行条件。

大广线开封至通许段高速公路工程KTGS.JD合同段机电工程项目,工程工期紧、任务重、施工界面有限、科技含量高且施工工艺复杂;我所项目经理部面对诸多困难,积极组织工程技术人员攻关,合理安排工程进度、加强施工组织管理、认真履行合同。

在三大系统施工阶段,中咨泰克交通工程有限公司作为机电项目总承包商在业主单位和陕西公路交通科技开发咨询公司的严格监理下,规范施工程序,严把机电施工质量,圆满地、按计划地完成施工任务。下面,我们将大广线开封至通许段高速公路机电工程项目的施工情况总结如下。

一、工程概况

开封至通许段高速公路起点与黄河大桥顺接,进而与濮阳至开封高速公路相接,终点与扶沟至西华高速公路顺接。路线全长64.228km。沿途有5座互通(孙寺、开封东、开封南、石岗、通许)分别与连霍高速、G220(G310)、S327、日南高速、S325相接,本路计划于2006年11月建成通车。本路线按6车道高速公路标准设计,路基宽度28m(34.5m),中央分隔带宽度为0.56m,设计时速为120km/h。

开封至通许段高速公路的运营体制采用三级:第一级为河南省高速公路监控通信中心;第二级为开封至通许段高速公路监控通信分中心;第三级为收费站和服务区、停车区。

全线设置开封北、开封南、通许东收费站; 1 个服务区、1 个停车区。

本路段设一处监控通信收费分中心,设在开封北互通,与开封北收费站合建。

1. 施工范围

(1)通信系统工程

①OLT 光纤接入局端设备的采购、安装、调试、开通。

②通信站通信设备的采购、安装、调试、开通。

③光电缆敷设、接续、测试、开通。

④紧急电话系统设备的采购、安装、调试、开通。

⑤通信电源及配套系统设备采购、安装、调试、开通。

(2)监控系统工程

①监控所监控设备的采购、安装、调试、开通。

②外场设备的安装、调试、开通。

③监控系统配套工程。

④全程监控系统的设备采购、安装、调试、开通。

(3)收费系统工程

①收费监控所和收费站监控室设备的采购、安装、调试、开通。

②收费亭及收费亭内设备的采购、安装、调试、开通。

③收费车道收费设备的采购、安装、调试、开通。

④收费广场、收费监控系统设备的采购、安装、调试、开通。

⑤收费系统配套设备的采购、安装、调试、开通。

⑥CCTV 系统设备的采购、安装、调试、开通。

2. 工期安排

本系统按照 8 个月的施工周期进行安排,在 8 个月内完成联合设计、设计评审、设备采购、自制设备加工生产、工厂测试、安装、调试、软件设计和调试、培训、测试、验收等工作后,进入 1 个月的试运行期,试运行结束后,进行系统移交等;移交后进入 24 个月的缺陷责任期。

接到中标通知书,签订合同后,在业主要求时间内我方将派人员完成以下工作:

(1)联合设计及详细设计。

(2)设计评审。

(3)对设备供应商考察。

(4)设备、材料订货、生产(工厂监造及厂验)。

(5)土建施工。

(6)软件设计。

(7)设备、材料分期到场及进货检验。

(8)光缆、电缆敷设及接续、测试、各系统安装调测。

(9)软件调试。

(10)设备加电进行调试。

(11)培训。

(12)机电项目联合调测、验收。

3. 建设目标

本工程的具体质量目标是消除工程质量事故，保证各系统整个全优，争创中国建筑工程鲁班奖或国家优质工程奖，确保优质工程。

4. 系统方案

(1)通信系统方案

①开封至通许段高速公路通信系统是以光纤数字传输、光纤用户接入设备为主构成的综合通信系统(ICS)。

②光传输网采用同步数字传输体系(SDH)作为传输网络，传输信号速率为STM-4(622Mb/s)。该系统能将低速数字信号复用成高速率数字信号，通过光缆实现大容量的传输，并具有交叉连接系统、收发灵活系统结构和综合的网络管理系统。本设计采用深圳中兴ZXSM 2500光中继设备，设置在开封北通信站，采用STM-4(622M/s)设备，可在线升级至STM-16 (2.5Gb/s)，系统具有优良的兼容性和一体化结构，用户升级扩容时能节省大量投资，保护业主利益。

③光纤用户接入设备采用STM-4(622Mb/s)等级SDH传输设备和用户接入设备，主要用于用户与交换机和干线传输的信息传输和交换。本工程采用深圳中兴接入设备ZXA 10，能提供丰富的业务接口。

(2)监控系统方案

监控系统工程主要由监控所计算机系统、以微处理器为核心的外场设备、2km一处的摄像机构成。

监控中心设在开封北收费站，负责本路段的日常交通管理，可进行交通检测、气象检测、异常情况处理、可变情报板及可变限速标志等日常运行操作，对本路段的交通数据等信息进行汇总、统计、打印输出。

承包商完成了监控分中心设备包括控制台、大屏幕、闭路电视设备、不间断电源，以及计算机系统软硬件系统的供货、开发、安装、调试、开通。

外场设备提供交通信息，执行控制指令，监控系统外场设备主要包括：

①微波车检10套；

②能见度监测器1套；

③可变情报板4套；

④可变限速标志3套；

⑤遥控摄像机40台。

承包商完成了外场设备以及包括终端引入电缆的架设及连接、室内设备间的配线、室内设备的联合接地、外场设备机箱、基础及供电用电缆、配电箱等工程的供货、安装、调试、开通。

(3)收费系统方案

开封至通许段高速公路收费系统采用封闭式收费制式，即所有车辆通过收费站时入口按车型发放非接触IC卡通行卡、出口按车型和行驶里程进行收费。全线共设匝道收费站3处，采用人工判别车型、人工收费、计算机管理、检测器计数校核、闭路电视辅助监督的半自动收费方式。收费系统采用三级管理模式，即省收费中心、开通高速监控分中心、收费站。

收费系统工程主要由收费车道设备、计算机系统(硬件和软件)、闭路电视监视系统、内部对讲和安全报警系统、收费附属设施(传输介质、电源、设备保护系统、配电箱、控制台等)构成。

收费系统工程包括下列项目：

收费车道设备，包括：收费员终端、车道控制器、票据打印机、非接触IC卡读写器、雨棚信号灯、手动栏杆、自动栏杆、通行信号灯、黄闪报警器、雾灯、费额显示器、车辆检测器及必须的附属设备。

收费计算机系统硬件,包括:收费监控所计算机系统和收费站计算机系统两级,各级计算机系统主要包括服务器、工作站、以太网交换机、IC 卡读写器、行式打印机、光盘读写机、路由器等。

收费系统软件,包括:收费车道、收费站和收费中心计算机系统的操作系统、数据库、实用软件以及完成本系统功能的全部应用软件、测试软件。省联网办提供统一软件。

闭路电视监视系统,包括:外场设备、收费站监视控制设备和传输设备三部分。外场设备主要有广场、车道、收费亭摄像机、数据图像叠加器等;收费站监视控制设备设于各个收费站控制室内,主要包括视频控制矩阵、硬盘录像机、彩色监视器等;传输设备主要有视频光端机等。

内部有线对讲系统及收费站与各收费亭的安全报警系统。

收费附属设施,包括:传输介质、电源、设备保护系统、配电箱、控制台等,各类非接触 IC 卡。

应用软件的源程序、程序清单、备份盘、图纸和资料、备件清单、操作与维修手册等文件。

承包商完成了上述收费系统工程项目涉及的软件、硬件设备的供货、安装、调试、开通。

5. 系统功能及组成

(1)监控系统功能

①数据采集功能:对采集车辆检测器、气象检测器等的数据和所有外场设备的工作状态,进行分析处理。

②事故收集功能:可接收由紧急电话传来的事故、车辆故障等信息,进行交通控制,并通知有关部门进行处理。

③图像监视功能:通过设于沿线路段的摄像机,监视道路和交通状况,及时发现阻塞等异常情况,并可对紧急电话报警进行确认,以便于迅速疏导交通和处理故障。

④交通控制功能:根据收集的各种数据、图像、话音,制定控制方案,并向外场设备发布。

⑤系统设备监测功能:自动监视系统内设备状态,当设备状态异常时自动告警。

⑥显示、查询、统计功能:监控中心可模拟显示路段设备的工作状况,查询各种数据、报表、设备工作状态和报警、信息发布内容、事故记录等,具有报表和图形打印、存储和备份、用户管理、服务数据库等功能。

⑦协调处理功能:当发现交通事故时,通知消防、救护、警察、养护、路政等部门,处理事故、疏导交通。

(2)通信系统功能

通信系统是高速公路建设中的重要配套项目和基础设施,它为高速公路各级部门的运营、管理以及沿线设立的收费、监控系统提供话音、数据和图像的传输,是实现高速公路快速、安全、高效运行的重要保障。

系统组成:

①光纤数字传输系统。

②光纤接入网。

③紧急电话系统。

④光、电缆工程。

⑤通信电源系统。

(3)收费系统功能

收费管理部门可以实时监控下级收费的异常事件,能实时检测出入口车道的设备状态;收费分中心及收费站能自动统计交通流量，车流量曲线图，能实时对收费图像进行存储和回查、数字图像存储容量大。实现了对IC卡、通行费、收费设备等规范管理，杜绝收费过程中的舞弊行为。

系统组成：

①收费车道收费子系统。

②收费站计算机系统。

③收费监控所计算机系统。

④闭路电视监视子系统。

二、工程组织管理

我公司接到业主的中标通知书后，及时组织有关工程技术、财务、管理等部门召开了协调会，按中标通知书及第一次工地例会的有关要求，成立了开封至通许段高速公路机电工程项目经理部。

本项目经理部驻地建设在开封市瑞安花园2号楼四单元。

我项目部及时增设办公设施、施工车辆、施工机具，如计算机8台、传真机2台、打印机2台、车辆机具6台/套、部分仪表仪器（根据工程施工进度陆续进场或调整施工机具）。

根据第一次工地例会的要求，我项目部建立了项日经理职责、工程技术组职责、设备技术组职责、质量保障组职责、后勤保障组职责等规章制度。我们充分发挥泰克人的特别能吃苦、特别能战斗的优良传统，充分发挥我所的技术优势、合理调整人员配备及优化机电工程施工工序；加强机电工程项目的组织管理，保质、保量地完成机电工程的施工任务。

开通机电项目经理部下辖工程技术组、设备技术组、质量保障组、行政后勤组，项目经理、副经理和总工程师负责项目的施工质量和管理，保证安全施工生产，确保工程施工进度。

1. 项目经理部建设

由业主及承包商专门指定的各自的负责人组成。负责规划系统的投资规模及方向、人员配置、组织机构，计划进度、解决或协调系统开发过程中出现的问题与矛盾。

（1）对本项目的资源和人员进行管理，负责各项目的集成。

（2）制定详细的项目实施计划，并对计划实施的进程进行监督。

（3）工程中下属各部门之间及各分系统之间的协调。

（4）安全管理和安全教育。

（5）施工进度记录。

2. 技术工程组

由业主及承包商双方的高级技术人员组成。主要负责收费、监控、通信分系统的设计、安装、调试、试运行、验收、缺陷责任期维护等工作，并按时将工作进程向项目经理部汇报。

技术工程组下设监控系统、收费系统、通信系统三个小组。

（1）监控系统小组

负责监控系统的设计、安装、调试、试运行、验收。下设数个工作小组，由承包商方面的专业技术人员组成，各工作小组均指定专人配合质量管理组做好测试和文档编制的工作，并协助培训小组作好用户培训工作。

①安装调试组

负责外场设备（包括车辆检测器、气象检测器、可变情报板、可变限速标志、闭路电视等）和监控中心设备的安装、调试。

②软件设计组

完成监控系统软件的设计和调试。

(2)收费系统小组

负责收费系统的设计、安装、调试、试运行、验收。下设数个工作小组,由承包商方面的专业技术人员组成,各工作小组均指定专人配合质量管理组做好测试和文档编制的工作,并协助培训小组作好用户培训工作。

①安装调试组

负责车道设备、收费站设备、收费分中心设备、收费广场设备的安装、调试。

②车道软件设计组,主要负责以下工作:

a. 编制收费员操作界面,完成出入口车道的收费流程。

b. 完成信号灯、栏杆、收费显示屏、车辆检测器等设备的控制。

c. 车道的各种异常信息向收费站服务器发送消息并存储。

d. 车道处理的原始数据的保存和转储。

e. 收费异常车辆图像的处理。

③管理软件设计组,主要负责以下工作:

a. 完成收费站、收费中心各级数据统计报表。

b. 对收费系统的监控,异常事件的处理。

c. IC 卡的发行与管理。

d. 负责对异常通行车辆图像的存储及处理。

④网络与通讯软件组,主要负责以下工作:

负责制定各级通讯协议和规范,编制各级网络通信软件。

(3) 通信系统小组

负责通信系统的设计、安装、调试、试运行、验收。下设数个工作小组,由承包商方面的专业技术人员组成,各工作小组均指定专人配合质量管理组做好测试和文档编制的工作,并协助培训小组作好用户培训工作。

①线路工程安装调试组

负责通信管道的试通、土建的整改,光电缆的布放、接续、成端、测试及紧急电话系统外部设备的安装。

②设备安装测试组

a. 完成通信分中心传输、交换、接入、电源设备的安装、调测。

b. 完成对各无人站的电源、传输接入设备的安装、调测。

c. 完成网管设备及紧急电话主机的安装、调测。

d. 配合厂家督导完成设备的开通。

(4)设备技术组

主要由承包商人员组成,主要负责以下工作:

①本工程中联合采购设备的定购。

②本工程中自行采购设备的定购、生产和加工。

③本工程中所需的安装、调试、测试设备的准备。

(5)质量管理组

由双方的管理人员及技术人员共同组成,是系统开发工作的质量保证机构。监督系统的开发,组织对系统的测试工作,并定期向项目经理部汇报工作。主要负责以下几方面的工作:

①质量保证工作。

②在质量管理部内设立测试负责人，由测试师、标准化师、业主代表等人员参加工作。负责对管理、设计、准备、执行、监督、检查和仲裁等各方面人员的协调工作。

③提出项目的测试任务及所必需的条件，负责外购和自制设备测试、系统综合测试，参与验收测试。

④编写《软件验证与确认计划》和《软件验证与确认报告》。

⑤用户代表参与有关的测试工作，并提出建议和意见，组织验收测试业主方面的有关工作。

⑥文档管理：负责有关文件的标准化规范工作，负责对所有的文档进行分类整理、保存等管理工作。

(6)后勤保障组

负责整个工程的后勤服务、安全保障等工作。

三、工程进度管理

根据开通高速公路机电项目第一次工地例会的要求，我所项目经理部对整个机电工程的总体施工计划进行了调整。在保证机电工程质量的前提下，交通机电工程项目要在2006年11月25日完成施工任务及系统开通。我所项目部认真落实业主和监理的指示精神，主要做了以下工作：

(1)项目部及时召开了工程形势分析会，落实具体施工工期。

(2)制定了倒排工期施工计划，做到周计划保证旬计划，旬计划保证月计划；争取做到土建、房建、管道、供电等界面能提供多少就施工多少、见缝插针，争取施工时间、保证总体施工进度。

(3)增加技术人员力量、增加施工机具、增加施工队伍，进行施工人员合理配置，保证充足的施工人员，做到责任到人。

(4)合理配置工程资金流向，确保设备按时到货，缩短供货周期。

(5)制定应急施工预案和确定应急施工队伍，保证机电工程工期。

(6)制定机电工程施工网络图和横道图，及时调整机电工程施工进度。

1. 工期保证措施

工期目标是工程建设的一个重要指标，为了保证系统及早建成投入使用，产生经济效益及社会效益，必须实现本阶段的工期目标，项目经理部将采取一切措施确保这一目标实现。

(1)按计划迅速做好人员和施工设备进入施工现场的一切准备工作。

(2)集中技术力量，精心安排好各道工序的施工时间，科学地设计施工方案，做好各道工序的衔接工作。加强计划管理，协调好各种关系，及时地解决各类矛盾和问题。

(3)根据招标文件要求，结合工程实际，采用倒排工期的办法，在保证质量、安全的前提下，在计划时间内完成各道工序。

(4)积极配合业主、监理做好物资调度，设备到货后，及时开箱检验。

(5)做好对外协调工作，做到施工中不因外界干扰而耽误工作。

2. 技术保障体系

(1)严格按照有关规范、规程、规定和标准施工。

(2)强化施工技术管理，建立总工程师负责制的技术保障体系。

①完成设计文件后，由项目经理会同总工程师召集系统主管工程师进行图纸会审，经修改

完善后，报送监理工程师。

②各种设备的技术说明书、合格证、备(附)件要登记造册。

③对作业班组要进行详细的技术交底，定期检查作业班组对操作工艺及施工组织措施的落实情况，如有变化应及时调整修改。

④要随时配合监理工程师对工程质量的检查，全体人员必须给予积极配合。

⑤及时收集、严格保管、认真填写施工记录，如有不合格项，要及时查找、分析原因，及时处理使其达标。

⑥设计变更处理办法。

当发现设计文件与现场实际不符，需变更时，及时报告监理工程师和业主并转告设计单位，督促设计单位出具设计变更，上报监理工程师由变更引起的设备型号、数量变化，及时提交变更用材料计划给物资主管工程师。

⑦技术交底

在项目开始前，总工程师负责完成对主管工程师和工程师以上技术人员的技术交底及《施工组织设计》的交底。

正式开工前，分系统工程师、施工班组负责人、技术人员把向相关技术要求《施工文件和设计图纸》交底到施工班组，直至每一个作业人员。同时把相关的辅助单位参与人员进行技能教育。

⑧技术资料管理措施

在工程正式开始安装前，首先检查、了解相关设计文件，有不合格项情况要随时补充修正，报批后执行。

收集、保管、校核施工测试记录，有不合格项时及时检查确认，并处理使其达标。

各种竣工资料要及时整理，随工程进度同步完成，做到规范、整齐、准确。各施工队应独立完成本队安装调试任务的竣工资料及文件。

3. 制定了倒排工期施工计划，做到周计划保证旬计划

4. 对业主、监理的进度要求，认真落实

根据开通高速施工动员会会议的精神和开通高速施工计划安排要求，我项目经理部及时将机电项目对土建、房建提供界面要求的建议上报业主及总监办。

我部根据业主目前提供的房建、土建、供电的移交界面时间，重新排定施工计划；努力做到已有机电施工界面提前完成，主动寻找机电施工界面；全力做到不等不靠，确保 11 月 25 日三大系统开通计划。我部在施工中发现土建、房建提供的机电工程施工的界面不理想，即相当部分的机电施工界面不能按时和全部提供，比原计划要求的时间晚 20 ~ 30d。

开通项目经理部针对我部提出的这一情况非常重视，及时组织相关的土建、房建、供电、机电等施工单位及总监办召开现场协调会，确定了土建、房建、供电等相关机电施工界面的截止日期，做到责任到人、确保了机电项目有效的施工周期。

我项目经理部十分感谢业主和总监办及时协调相关施工单位和业务部门，及时争取和提供相关的机电施工界面，做了大量的卓有成效的协调工作。

四、工程质量管理

我所多年从事有关高速公路机电工程项目、城市交通控制的研究与工程实施，到目前为止，已完成各种交通工程施工建设项目多个，以科学的设计方案、优良的工程质量和完善的售

后服务体系，在用户心目中树立了良好的企业形象。

工程质量是施工企业各项工作的综合反映，保证和提高工程质量是衡量设计施工企业技术水平和管理水平的重要标志。我公司视工程质量为企业的“生存之本”，因此在工程中认真贯彻质量方针和质量目标，严格执行 ISO 9000 系列程序文件标准要求，不断增强员工的责任心，以高效、优质工程提交业主，回报社会，树立良好的企业形象。

我所一贯的质量方针是“团结奋进、科学创新、质量第一、追求卓越”。

1. 本工程的具体质量目标

本工程的具体质量目标是工程一次验收合格率 100%，优良率 95% 以上。消除工程质量事故，保证各系统整个全优，保部优工程、争创国优工程。

2. 质量管理体系

（1）质量管理机构

本工程建立以项目经理、主管质量的项目副经理、设计组、施工组、生产与采购组的质检员及所的质量控制部组成质量管理人员架构。从联合设计到生产，到采购，到施工直至交付使用，每一步都规定了具体的工作指引和质量规范，使工程的每一步都得到了严格的控制。

（2）质量保证措施

本项目施工质量保障分四层把关：

①材料、设备管理员严格控制材料、辅助设备的品牌、规格、质量，即严把材料设备的进货渠道，保证工程中使用的设备及材料全部合格、优质，为工程施工奠定基础。并对所购设备材料采取严格的入库检验（100% 检验）。

②由所总工程师指派具有系统管理能力、施工经理丰富的工程师（1 人），直接受所领导，作为工程独立质量监督员，在工程各个阶段以业主批复的联合设计为依据，控制施工中的各个环节，有权命令停工、返工。

③建立内部验收机制。在工程实施阶段，将对整个工程分阶段对系统进行内部验收；待内部验收通过后，再交付业主方使用。

④项目经理配合业主指派的监理工程师，在工程的各个阶段按照监理程序运作，杜绝违反质量规定的现象发生。

具体地说，在施工中我们要求：

①严格执行业主和监理工程师指定的工程标准。

②严格遵守各项操作方法和规程，确保施工质量。

③分工序制定控制方案，各专业工程师必须根据各工序特点，制定各专业主要工序质量控制方案。

④在建立质量管理岗位责任制基础上，项目经理部将根据各施工管理各部门、各工作的特点，制定质量管理岗位责任制，明确职责范围、工程程序、质量标准、质量目标、规范施工及管理。

⑤认真填写施工记录。施工记录将作为资料提供各业主方，供业主以后维护查阅。

在检验方面要求：

①所有设备未经检验（即未付设备检验单）不得进场。

②施工过程中的各工序完工后，必须经质保工程师检查合格后，完成阶段性质量报告后，方可进行下道工序。

③加强与业主和监理工程师的联系，认真执行业主和监理工程师的各项指令、要求。

(3)质量控制环节

为了确保整个工程高质量地完成，在工程实施过程中，各个环节严格按照本所工程质量保证体系——控制程序文件执行，使对工程质量有可能会产生影响的各个环节处于受控状态。

①采购质量控制

根据我们以往采购设备的经验，设备生产厂家的业绩、信誉、设备运行质量，建立设备生产供应商档案，对设备供应商进行资格认定，符合资格者才允许供货。同时我们定期对各供货商进行质量、售后服务审核，定期更新设备生产供应商档案。必要时，关键设备生产供应过程中，将派专员监督设备生产。设备出厂前及到货后，认真检查测试，确保质量。设备起运到工程现场之前，所质量控制部将对所有设备进行起运前检验，并付设备检验单与我所保修标志（设备到场后检验标志与设备维修凭证），保证所有设备到现场后无质量问题。

检验、试验设备必须经核定合格并在规定的合格期内使用，检验和试验人员必须考核合格，持证上岗。

检验人员应该按照受检器材的性能资料和设计部门提出的性能要求，对外购器材进行严格检验，防止不合格器材入库。

外购电子元器件的进货检验采用抽样检验，抽样检验后批质量合格的可继续全数检验，抽样检验批质量不合格的，整批按不合格品处理。配套设备、配件和其他外购器材的进货检验采用检验的方法。

未经检验的外购器材（包括配件和为系统配置的整机）不得入库、发放、付款、结账和报销。

②施工过程质量控制

a.施工准备

落实基础施工的辅助工具和相关材料的准备工作。

落实基础施工图纸、线缆敷设表等准备工作。

b.设备基础预制：根据施工图纸，制作有关设备的预制基础，保证安装尺寸的精确性。

③线缆敷设

a.敷设线缆之前，现场工程师对线缆进行质量检验，并填写现场设备检验测试报告单，确保线缆的可靠性。

b.根据线缆敷设表对所用线缆进行标记编号，编号清晰、明确，一致，确保线缆编号不会因为意外事故而丢失。

c.严格按照作业指导出进行线缆敷设工作。

d.线缆敷设完成后，现场工程师应该对电缆进行进一步检查，确保线缆不会在敷设过程中损坏。由现场工程师填写线缆敷设工程检验单。

④设备辅助支架安装：现场工程师根据系统要求，正确安装有关设备的辅助支架，确保安装支架的稳定性。

⑤设备现场安装

a.在进行现场设备安装之前，现场工程主管根据现场实施情况，建立辅助安装工具及辅助材料清单表。

b.现场工程师应对现场使用的辅助安装设备工具、器材进行检查，确保不会因为工具、辅助材料，影响工程进度，并对检查结果负责。

c.现场工程师在进行具体的设备安装之前，应该对其进行质量检验，确保安装的设备不会出现质量问题，出现问题的设备立即处理。

d. 现场工程师严格按照设备技术、作业指导，进行设备安装，并自检，安装过程确保设备标识的可靠。

⑥工程调试控制

a. 硬件设备测试：技术工程师首先对系统的组成设备进行单独功能调试，并建立调试记录。一旦发现有设备或材料不符合功能或性能要求，即时更换。

b. 软件功能测试：技术工程师按照软件功能说明书，对系统软件进行分系统、分功能调节器试，测试数据应该具有代表性，及时发现软件中隐含的问题，并加以解决，建立调试记录。

3. 质量记录的控制

(1)质量记录标识

质量记录必须有能够准确识别的标记。必需的质量记录、标识方法按照 UNIS/GCH-05-01—1998 的质量记录编号方法执行。标识标记在报告和记录表的右上方适当位置。

(2)质量记录收集和保管

质量记录要指定专人收集和保管。与产品质量有关的记录，由各部门负责收集、整理和保管。

(3)质量记录归档和储存

①质量记录的保存环境要适宜，做到防潮、防火、防虫蛀、防鼠害、保存方法要便于检索和查阅。

硬拷贝或者电子媒体形成的质量记录要有适宜的保存环境，防止其信息和数据的丢失和失效。

②根据类别具体情况，确定各种质量记录的保存期限，保存期限必须满足合同或者质量体系及产品的要求和规定。

③必备质量记录的保存期限和保存部门见质量记录汇总表。

(4)质量记录查阅

质量管小组保存的质量记录需查阅时，原则上就地查阅，需暂时查阅者，应向质量管小组提出，经同意后，方可查阅，应办理借阅登记手续。

(5)质量记录处理

超出保存期的质量记录，由质量记录保管部门的主管领导同意后进行处理。

(6)质量记录的记录要求

质量记录应在统一的规范记录表上填写，要求填写正确，字迹清晰，内容完整，数据正确。质量记录要求有记录人员签名及签署日期，程序文件内列出的质量记录表格由质量管理小组负责汇总、保存。

五、工程变更情况

根据省交通厅、省公路局及业主的有关要求，我所上报了开通项目增加三块情报板及相关辅助设备的系统改造方案，经业主、总监办、承包商现场对供电、管道及路由进行确认，一致同意我所的系统方案。

六、工程完成情况

1. 工程工期

本工程计划工期：2006 年 5 月 1 日 ~ 2006 年 11 月 25 日。

本工程实际工期:2006 年 9 月 1 日 ~2006 年 11 月 28 日。

根据业主要求,在监理认真指导下,我所合理安排施工,在 11 月 25 日前完成了机电系统大部分路面工程,保证了开通高速公路 11 月 28 日通车。

2. 联合设计阶段

2006 年 6 月,业主、监理和承包商三方开始联合设计。通过会议上三方人员的努力,确定了本工程施工标准及工程设备变更事宜。

2006 年 8 月,承包商向监理、业主完成了详细设计文件初稿,经三方讨论和修改后,8 月 10 日承包商提交了机电工程三大系统详细设计文件。

2006 年 9 月 9 日,业主、总监办批准了全程监控系统、联合设计文件,明确了设备的型号、系统方案、总体造价等。

3. 设备采购阶段

2006 年 6 月,我所机电项目部同设备供货商进行设备采购合同谈判,并于 8 月上旬签署完所有设备采购合同。

2006 年 9 月 1 日起,工程所需材料及设备陆续进场,承包商、监理和业主对进场的材料、设备进行了现场测试和验收。

4. 工程施工阶段

2006 年 9 月开始原监控系统、收费系统外场基础施工。

2006 年 10 月 1 日监控、收费系统部分设备陆续安装。

2006 年 10 月 10 日 ~11 月 20 日,通信系统光、电缆线路工程基本完工。

2006 年 11 月 20 日前,收费车道设备、收费附属设施安装完成。

2006 年 10 月 10 日 ~11 月 15 日,通信系统交换、传输、电源、紧急电话设备、附属配线安装完毕。

2006 年 11 月开始分系统设备软件安装、调测。

2006 年 11 月 23 日开始进行机电系统设备联合调试。

5. 系统运行阶段

2006 年 11 月 28 日开始通信、监控、收费三大机电系统试运行,承包商按计划对操作人员进行了培训,运营收费所在各站通信、监控机房安排人员值班,随时记录系统运行中出现的问题,承包商派人负责随时处理试运行期间发生的问题。

试运行以来,机电系统各功能运行基本正常,收费数据统计准确。无遗留工程。

七、工程特点

1. 本工程施工组织特点

本工程是真正的与土建工程同步实施的项目,实践证明虽然难度很大但是我们的施工工作是成功的。同步施工有利有弊。土建不到位制约工期固然是不利的一面,但在道路开通前施工,避免干扰,发现土建中的缺陷还可立即请土建施工单位完善是有利的一面。本工程与土建同步实施的成功为这种方式的推广提供了范例。

2. 本工程应用的新技术

本机电工程是按照河南省联网收费统一规划与设计,分阶段实施、分阶段联网,确保机电系统的先进性、冗余性、可扩展性;预留相关信息系统的接口,做可在线升级与扩展。

本机电工程采用以下新技术与新材料,充分发挥了系统的优越性能,创造出国优精品。

(1)全程监控系统。

(2)DLP 数字大屏幕显示系统。

(3)CCTV 闭路电视系统。

(4)MSTP 多业务光传输系统。

(5)综合业务数字接入网系统。

(6)收费计算机网络系统。

(7)监控计算机网络系统。

(8)数字硬盘录像系统。

(9)功能强大的收费对讲子系统。

八、工程量计量

本工程合同金额为 31 667 283.50 元(含 10 000 000 元供配电照明系统暂定金),变更为 1 566 742.79 元,共分三期计量:

第一期 2006 年 12 月,计量金额 18 090 595.75 元;第二期 2007 年 4 月,计量金额 4 855 678.77 元;第三期 2008 年 8 月,计量金额 287 751.77 元。

计量总金额 23 234 026.29 元,结算金额 23 234 026.29 元。

目前已完成所有计量工作。

九、结束语

开封至通许段高速公路机电项目工程于 2006 年 9 月开工,2006 年 11 月完工。在此期间,作为业主代表的河南海星高速公路发展有限公司,积极配合协调解决工程实施时的困难,在线路管道的提供、电力管道的落实、机房的定址等各个方面为承包商提供大力支持与帮助。中咨泰克交通工程有限公司本着对业主、对工程负责的态度严格把关、热情指导。本工程的顺利完工,是业主、监理和承包商三方共同努力的结果。

中咨泰克交通工程有限公司作为本项目的承包商将严格按合同履行承诺:

(1)在条件具备时,无条件、及时的完成遗留工程量。

(2)履行本工程缺陷责任期的一切义务。

(3)保证本工程使用期间的技术支持。

中咨泰克交通工程有限公司

开封至通许高速公路机电工程项目部

2009 年 4 月

第五篇　交工验收质量检测报告

大广线开封至通许段高速公路房建、绿化工程交工验收检测报告

一、工程概况

1. 项目简介

大广高速公路开封至通许段高速公路起点与同期实施的大广线开封黄河公路特大桥南接线相接，位于开封县大门寨与家庄之间，起点桩号为 K100 + 000，终点位于通许县长河洼村东南，与大广线扶沟至项城段高速公路起点相接，路线全长 64.228km。该项目于 2004 年 8 月开工，于 2006 年 11 月 28 日建成通车并试运营。

开封至通许段高速公路房建工程包括陈留收费站、开封杜良收费站、通许东匝道收费站、朱砂服务区、练成停车区共 5 个点，占地总面积约为 16 万 m^2。该项目房建工程以综合楼为主由多个单体工程组成，建筑总面积约为 1.8 万多 m^2。综合楼为框架结构，1 ~ 4 层，其余为砖混结构。本项目工程建筑场地类别为Ⅲ类，抗震设防烈度为 7 度（丙类设防），抗震等级为 3 级，结构安全等级 2 级。

室外混凝土路面设计厚度为 20 ~ 25cm，设计抗压强度为 C25 ~ C30。

路基边坡防护植物种植大叶女贞、蜀筷和紫薇等。互通区绿化采用以圃代林的景观绿化模式，在满足绿化美化要求的同时，提高土地综合利用水平，在互通区大环的中心地段，不影响视距的范围内，设计了稳定的树群，常绿与落叶相诱导种植、时代特色种植、美化绿化功能等种植特点。服务区及互通区栽种蜀筷、龙柏、垂柳、白腊、雪松、金叶女贞、月季、大叶、黄杨球等观花、观叶树种，地被栽种油菜籽。

2. 参建单位

建设单位：河南开通高速公路有限公司

设计单位：中国公路工程咨询集团有限公司（房建）
西安园林绿化总公司（绿化）

监理单位：西安普迈项目管理有限公司（房建）
西安公路交大建设监理公司（绿化一标）
甘肃新科公路工程监理事务所（绿化二、三标）

施工单位：陕西省第七建筑工程公司（房建）
郑州欣安绿化工程公司（绿化一标）
西安园林绿化总公司（绿化二标）
河南绿金州园林工程有限公司（绿化三标）

二、检测依据及分组情况

根据河南开通高速公路有限公司的申请，依据交通部《公路绿化工程质量检验评定暂行规定》、《公路工程竣（交）工验收办法》，按照《城市绿化工程施工及验收规范》、《公路工程质

量检验评定标准》及《建筑工程质量检验评定标准》和检测的项目要求，河南省交通基本建设质量检测监督站委托开封市天平路桥工程检测有限公司组成绿化主线、绿化站区、房建室内组、房建室外组、房建水电5个检测组，于2009年5月4日~2009年5月5日对大广高速开封至通许段绿化、房建工程的主线及互通区、服务区进行了交工检测。

本次房建工程检测频率及方法按照《建筑工程质量检验评定标准》的规定进行。

房屋主体工程采用垂直检测尺、对角检测尺、内外直角检测尺、钢尺等测量；水电安装采用目测尺量；场区道路厚度采用取芯检测，并将芯样做抗压强度检测，平整度采用3m直尺测量。苗木规格采用皮尺、游标卡尺、塔尺测量，苗木数量、成活率、覆盖率采用目测尺量与设计值比较，苗木间距用钢卷尺测量，土层厚度采用钢板尺、塔尺测量。

三、检测结果

大广高速开封至通许段房建工程检测结果汇总表

单位工程	分部工程类别	检 测 项 目	检测点数	合格点数	合格率(%)
收费站、服务区	门窗工程	木门窗安装	331	169	51.1
		塑钢门窗安装	60	49	81.7
		栏杆、扶手	19	10	52.6
	装饰工程	室内抹灰、刷浆顶棚	249	238	95.6
		墙面抹灰工程			
		饰面板墙面工程			
	建筑采暖卫生与煤气工程	室内水暖管道及管件	148	102	68.9
		卫生器具及附件			
	地面与楼面工程	板块楼地面层	265	175	66.0
		楼梯踏步(台阶)	64	62	96.9
		房间空间尺寸	50	18	36.0
	屋面工程	室外大角工程	95	86	90.5
		散水、台阶、明沟	60	52	86.7
		架空板隔热层			
	建筑电气安装工程	配电箱(盘、板)安装	111	70	63.1
		电器开关、插座安装	458	102	22.3
	场区路面	平整度	130	103	79.2
		取芯厚度	23	18	78.3

大广高速开封至通许段杜良收费站房建工程检测结果汇总表

单位工程	分部工程类别	检 测 项 目	检测点数	合格点数	合格率(%)
杜良收费站	门窗工程	木门窗安装	180	101	56.1
		塑钢门窗安装	32	28	87.5
		栏杆、扶手	11	2	18.2
	装饰工程	室内抹灰、刷浆顶棚	121	117	96.7
		墙面抹灰工程			
		饰面板墙面工程			
	建筑采暖卫生与煤气工程	室内水暖管道及管件			
		卫生器具及附件	48	28	58.3
	地面与楼面工程	房间净尺寸	24	5	20.8
		整体楼地面面层	166	103	62.0
		楼梯踏步(台阶)	42	40	95.2
	屋面工程	室外大角工程	12	10	83.3
		散水、台阶、明沟	8	8	100.0
		架空板隔热层			
	建筑电气安装工程	配电箱(盘、板)安装	45	29	64.4
		电器开关、插座安装	186	38	20.4
	场区路面	平整度	20	17	85
		取芯厚度	3	2	66.7

大广高速开封至通许段陈留收费站房建工程检测结果汇总表

单位工程	分部工程类别	检 测 项 目	检测点数	合格点数	合格率(%)
陈留收费站	门窗工程	木门窗安装	31	15	48.4
		塑钢门窗安装	9	8	88.9
		栏杆、扶手	4	4	100.0
	装饰工程	室内抹灰、刷浆顶棚	25	25	100.0
		墙面抹灰工程			
		饰面板墙面工程			
	建筑采暖卫生与煤气工程	室内水暖管道及管件			
		卫生器具及附件	10	8	80.0
	地面与楼面工程	房间净尺寸	8	5	62.5
		板块楼地面层	20	13	65.0
		楼梯踏步(台阶)	6	6	100.0
	屋面工程	室外大角工程	14	13	92.9
		散水、台阶、明沟	8	6	75.0
		架空板隔热层			
	建筑电气安装工程	配电箱(盘、板)安装	10	5	50.0
		电器开关、插座安装	32	6	18.8
	场区路面	平整度	20	14	70.0
		取芯厚度	3	2	66.7

大广高速开封至通许段朱砂服务区房建工程检测结果汇总表

单位工程	分部工程类别	检 测 项 目	检测点数	合格点数	合格率(%)
朱砂服务区	门窗工程	木门窗安装	64	27	42.2
		塑钢门窗安装	8	4	50.0
		栏杆、扶手	2	2	100.0
	装饰工程	室内抹灰、刷浆顶棚			
		墙面抹灰工程	50	48	96.0
		饰面板墙面工程			
	建筑采暖卫生与煤气工程	室内水暖管道及管件			
		卫生器具及附件	55	38	69.1
	地面与楼面工程	房间净尺寸	4	1	25.0
		板块楼地面层	35	29	82.9
		楼梯踏步(台阶)	8	8	100.0
	屋面工程	室外大角工程	28	25	89.3
		散水、台阶、明沟	24	19	79.2
		架空板隔热层			
	建筑电气安装工程	配电箱(盘、板)安装	30	21	70.0
		电器开关、插座安装	160	44	27.5
	场区路面	平整度	40	35	87.5
		取芯厚度	8	7	87.5

大广高速开封至通许段练城停车区房建工程检测结果汇总表

单位工程	分部工程类别	检 测 项 目	检测点数	合格点数	合格率(%)
练城停车区	门窗工程	木门窗安装	23	11	47.8
		塑钢门窗安装	5	4	80.0
		栏杆、扶手			
	装饰工程	室内抹灰、刷浆顶棚			
		墙面抹灰工程	24	19	79.2
		饰面板墙面工程			
	建筑采暖卫生与煤气工程	室内水暖管道及管件			
		卫生器具及附件	24	21	87.5
	地面与楼面工程	房间净尺寸	8	4	50.0
		板块楼地面层	23	15	65.2
		楼梯踏步(台阶)			
	屋面工程	室外大角工程	27	24	88.9
		散水、台阶、明沟	12	11	91.7
		架空板隔热层			
	建筑电气安装工程	配电箱(盘、板)安装	14	8	57.1
		电器开关、插座安装	44	8	18.2
	场区路面	平整度	30	23	76.7
		取芯厚度	6	5	83.3

大广高速开封至通许段通许收费站房建工程检测结果汇总表

单位工程	分部工程类别	检 测 项 目	检测点数	合格点数	合格率(%)
通许收费站	门窗工程	木门窗安装	33	15	45.5
		塑钢门窗安装	6	5	83.3
		栏杆、扶手	2	2	100.0
	装饰工程	室内抹灰、刷浆顶棚			
		墙面抹灰工程	29	29	100.0
		饰面板墙面工程			
	建筑采暖卫生与煤气工程	室内水暖管道及管件			
		卫生器具及附件	11	7	63.6
	地面与楼面工程	房间净尺寸	6	3	50.0
		板块楼地面层	21	15	71.4
		楼梯踏步(台阶)	8	8	100.0
	屋面工程	室外大角工程	14	14	100.0
		散水、台阶、明沟	8	8	100.0
		架空板隔热层			
	建筑电气安装工程	配电箱(盘、板)安装	12	7	58.3
		电器开关、插座安装	36	6	16.7
	场区路面	平整度	20	14	70.0
		取芯厚度	3	2	66.7

大广高速开封至通许段场区路面混凝土取芯记录表

序号	地 点	芯样长度(cm)	设计厚度(cm)	抗压强度(MPa)	设计强度(MPa)	备注
1	开封杜良收费站	20.8	20.0	26.2	C25	
		21.4	20.0	25.3	C25	
		18.0	20.0	26.1	C25	
2	陈留收费站	20.4	20.0	27.3	C25	
		21.5	20.0	27.1	C25	
		17.5	20.0	25.7	C25	
4	朱砂服务区东区	25.3	25.0	31.0	C30	
		22.7	25.0	35.4	C30	
		27.2	25.0	31.5	C30	
		29.0	25.0	30.3	C30	
5	朱砂服务区西区	27.0	25.0	37.7	C30	
		26.5	25.0	32.9	C30	
		25.0	25.0	30.4	C30	
		25.2	25.0	33.4	C30	
6	练城停车区东区	23.5	25.0	32.1	C30	
		26.5	25.0	36.1	C30	
		27.5	25.0	34.5	C30	
7	练城停车区西区	24.0	25.0	33.0	C30	
		26.8	25.0	31.2	C30	
		27.0	25.0	32.9	C30	
8	通许东收费站	16.5	20.0	25.4	C25	
		20.5	20.0	35.5	C25	
		21.9	20.0	31.2	C25	

大广高速开封至通许段绿化工程检测结果总汇总表

标段	分部工程类别	检测项目	检测点数	不合格点数	合格率(%)	说明
一标	K100+100~K130+284 道路两侧绿化工程	苗木规格	717	117	83.7	
		土层厚度	符合要求			
		苗木成活率	1248	430	65.5	
		草坪覆盖率	符合要求			目测
二标	K130+284~K64+228 道路两侧绿化工程	苗木规格	770	158	79.5	
		土层厚度	符合要求			
		苗木成活率	1 126	389	65.5	
		草坪覆盖率	符合要求			目测
三标	服务区、互通区、 管理区绿化工程	苗木规格	1 405	330	76.5	
		土层厚度	91	0	100.0	
		苗木成活率	31 022	502	98.4	
		草坪覆盖率	四个站区不符合要求			目测

注:石岗互通区、陈留收费站、孙寺互通区、开封杜良收费站草坪覆盖率不符合要求。

大广高速开封至通许段绿化工程检测结果汇总表(绿化一标)

分部工程类别	检测项目			设计值(设计数量)	实测点数(实测数量)	不合格点数	合格率(%)
一标	苗木规格	紫叶李	地径	3cm	180	54	70.0
		高杆黄杨	冠径	80cm	93	31	66.7
		木槿	高	1.5m	37	2	94.6
		紫薇	地径	3cm	138	5	96.4
		蜀筷	高	2~3m	63	9	85.7
		丛生紫薇	冠径	90~120cm	31	6	80.6
		龙柏	高	2~3m	149	9	94.0
		火辣球	冠径	1.5~2m	2	1	50.0
		大叶黄杨球	冠径	50cm	24	0	100.0
		合计			717	117	83.7
	苗木成活率(%)			≥95%	1248	430	65.5
	草坪覆盖率(%)			符合要求	符合要求		100.0
	土层厚度			≥50cm	符合要求		100.0

大广高速开封至通许段绿化工程检测结果汇总表(绿化二标)

分部工程类别	检测项目			设计值(设计数量)	实测点数(实测数量)	不合格点数	合格率(%)
二标	苗木规格	紫叶李	地径	3cm	66	0	100.0
		大叶女贞	胸径	6~8cm	100	60	40.0
			间距	3m	21	7	66.7
		紫薇	地径	3cm	171	1	99.4
		蜀筷	高	2~3m	130	12	90.8
		丛生紫薇	冠径	90~120cm	35	4	88.6
		丁香	冠径	1.5~2m	45	28	37.8
		火辣球	冠径	1.5~2m	23	4	82.6
		雪松	高	4~6m	73	33	54.8
		丛生石楠	冠径	80cm	68	8	88.2
		合欢	胸径	6~8cm	4	0	100.0
		垂柳	胸径	12~15cm	10	1	90.0
			间距	5m	19	0	100.0
		龙柏	高	2~3m	5	0	100.0
		合计			770	158	79.5
	苗木成活率(%)			≥95%	1126	389	65.5
	草坪覆盖率(%)			符合要求	符合要求		100.0
	土层厚度			≥50cm	符合要求		100.0

大广高速开封至通许段绿化工程检测结果汇总表(绿化三标)

分部工程类别	检测项目			设计值(设计数量)	实测点数(实测数量)	不合格点数	合格率(%)
三标	苗木规格	龙柏	株高	2.0~3.0m	44	5	88.6
		白蜡	胸径	8cm	120	64	46.7
		柿树		6cm	9	4	55.6
		大叶女贞		4、6、8cm	104	24	76.9
		栾树		6~7cm	72	40	44.4
		法桐		8cm	41	9	78.0
		枫杨		8~10cm	20	2	90.0
		银杏		8~10cm	22	14	36.4
		合欢		8~10cm	80	14	82.5
		垂柳		12cm	152	13	91.4
		青桐		8~10cm	5	1	80.0
		水杉		8~10cm	10	3	70.0
		独杆紫薇		6cm	64	30	53.1

续上表

分部工程类别	检测项目			设计值（设计数量）	实测点数（实测数量）	不合格点数	合格率（%）
三标	苗木规格	雪松	株高	4～5m	100	21	79.0
		碧桃	地径	4～6cm	20	0	100.0
		紫叶李		4～6cm	118	22	81.4
		丛生木槿	株高	≥1.5m	13	0	100.0
		蜀桧		≥2.0m	258	35	86.4
		黄刺玫	冠径	≥0.9m	7	0	100.0
		黄杨球		≥1.0m	146	29	80.1
	苗木数量	大叶女贞		344	314	30	91.3
		龙柏		9 962	9 904	58	99.4
		白蜡		3 787	3 732	55	98.5
		栾树		88	77	11	87.5
		法桐		183	172	11	94.0
		垂柳		3 317	3 239	78	97.6
		青桐		11	5	6	45.5
		水杉		58	30	28	51.7
		合欢		225	214	11	95.1
		雪松		298	222	76	74.5
		碧桃		27	20	7	74.1
		紫叶李		102	96	6	94.1
		柿树		9	6	3	66.7
		紫薇		657	607	50	92.4
		丛生木槿		13	13	0	100.0
		蜀桧		11 100	11 041	59	99.5
		黄刺玫		40	34	6	85.0
		黄杨球		1 303	1 296	7	99.5
	苗木成活率(%)			≥95%	31 022	502	98.4
	草坪覆盖率(%)			符合要求	4个站区不符合要求		
	土层厚度			≥50cm	91	0	100.0

四、主要存在问题

1.水电部分

(1)配电箱安装

开封东收费站综合楼一楼大配电柜及餐厅配电箱内接线色标不准确，箱内开关回路标识不全、不清晰，箱内接线有铰接现象；开封东收费站综合楼一楼西边配电箱面板松动。

(2)开关插座安装

开封东收费站二楼卫生间有一个插座缺地线，三楼娱乐室有一个插座相零接错(要求左零右相)，潮湿场所(厨房、卫生间)开关未安装防潮盖，练城停车区西区111房间内1个插座安装松动，密封不严密。

(3)建筑采暖卫生及煤气工程

开封东收费站一楼男淋浴间地漏安装不符合规范要求，坡度不够，地面局部有积水现象。

2. 室内部分

(1)局部墙面不平整，有抹痕、鼓泡、起皮现象。

(2)开封杜良收费站档案室房间墙面有通缝，建议查找裂缝原因，尽快处理。

(3)部分窗户密封胶开裂，密封条脱落，密封不严密。

(4)个别楼梯踏步地板及踢脚线有空鼓现象。

(5)局部地板砖有错台现象，且存在缝宽不一致的现象；个别地板有空鼓现象。

(6)部分门框有轻微变形；门框压条开裂，五金件安装不规范。

3. 室外部分

个别场区混凝土路面麻面，如开封杜良收费站场区。

4. 绿化部分

(1)各互通区内苗木被盗砍严重，石岗互通区内部分土地被当地农民开垦成耕地，或种植成杨树，苗木数量缺少很多。

(2)开封东互通区内有大约1 000m^2未进行绿化、种植竹子大面积死亡；开封服务区西区约600m^2未按设计进行绿化改种杨树；个别站区将部分绿化用地改作菜地。

(3)各站区苗木病虫害较严重，草坪未修剪，有少量杂草未清除，个别苗木种植不竖直，个别种植树种与设计不符；个别站区内景观与设计不符。

5. 内业资料

通过对内业资料的检查，认为资料整理较为系统，内容填写较工整、齐全，但个别资料存在签字不齐、自检资料不完整，附录检测内容频率不够的现象；绿化三标资料无索引，资料无装订，资料盒无标签；在变更项目的资料中，合同号及监理单位有未填写现象，仍需进一步完善。

五、检测意见

1. 室内部分

(1)门窗工程：抽查了部分木门窗的安装，塑钢门窗的安装，栏杆、扶手的尺寸及外观，其中木门窗安装、栏杆、扶手合格率偏低，建议对存在问题的部位进行调整。

(2)装饰工程：抽查了部分墙面抹灰工程的平整度及外观，认为墙面抹灰工程的平整度控制较好。

(3)抽查了部分板块楼地面层，楼梯踏步、房间空间尺寸及外观，其中房间尺寸合格率较低，并且有局部墙体出现裂缝现象，应查找原因尽快处理，并建议对其他处房建工程墙体进行排查。个别地砖有空鼓、划痕现象，部分房间地板砖下沉地面变形，需修整。

2. 室外部分

(1)屋面工程

抽查了部分室外大角工程，散水、台阶的断面尺寸及外观，认为室外大角工程、散水、台阶的尺寸较满足设计。

(2)场区路面

抽查了局部场区路面平整度，取芯检查了路面厚度及混凝土强度，进行了外观检查，认为混凝土强度满足设计要求,但个别芯样厚度不能满足路面设计。

3. 水电部分

(1)建筑采暖卫生及煤气工程

抽查了部分室内水暖管道、管件及卫生器具、附件的安装,建议对不符合规范及设计要求的部位进行调整,达到规范及设计要求。

(2)建筑电器安装工程

抽查了部分配电箱、电器开关、插座的安装,认为配电箱、电器开关、插座安装合格率偏低,要求按照设计规范对不合格的部位尽快整改,以满足规范要求。

4. 绿化部分

现场抽查苗木规格、数量、成活率及草坪覆盖率,各种苗木种植数量与规格基本满足设计标准和规范要求,要求对未成活的苗木在适宜季节进行补植。

河南省交通基本建设质量检测监督站

2009 年 5 月

检 测 报 告

分 部 工 程：监控、通信、收费机电设施

单位工程名称：大广线开封至通许高速公路机电工程

施 工 单 位：中咨泰克交通工程有限公司

检测委托单位：河南省交通基本建设质量检测监督站

检 测 类 别：竣工验收检测

批 准 日 期：2008 年 11 月 30 日

国家交通安全设施质量监督检测中心
（交通部交通工程监理检测中心）

国家交通安全设施质量监督检测中心
监控设施检测报告

报告编号:2008 - GJ - 024 - 01

分部工程名称	监 控 设 施	工程地点及桩号	大广线开封至通许段 K100 + 000 ~ K164 + 228
分部工程合同号	KTGS. JD	施工时间	2006 年 9 月 ~ 2006 年 11 月
单位工程名称	大广线开封至通许段高速公路机电工程		
建设项目名称	大广线开封至通许段高速公路		
施工(承包)单位	中咨泰克交通工程有限公司		
建设单位(业主)	河南开通高速公路有限公司		
监 理 单 位	陕西公路交通科技开发咨询公司		
工程概况	监控设施主要由 1. 车辆检测系统(VD);2. 闭路电视监控系统(CCTV);3. 可变情报板(CMS);4. 可变限速限速标志(CSLS);5. 站前信息标志;6. 能见度检测器;7. 监控中心计算机管理系统(SC)组成。其中 VD 10 处,VI 1 处,CCTV 40 处,CMS 4 处,CSLS 3 处,站前信息标志3 处,SC 1 处。		
检测时间	2008 年 10 月 9 日至 2008 年 10 月 10 日		
检测环境条件	温度:(20 ~ 25)℃		湿度:(45 ~ 60)% RH
检测依据	1. 国家交通行业标准《公路工程质量检验评定标准　第二册　机电工程》(JTG F80/2 - 2004)。 2. 工程合同文件(招投标文件、技术规范、联合设计文件等)、施工设计图纸		
检测结论	中咨泰克交通工程有限公司施工的大广线开封至通许段高速公路监控设施分部工程,依据交通行业标准《公路工程质量检验评定标准　第二册　机电工程》(JTG F80/2—2004)的质量评定要求,经本中心检测,监控设施分部工程各分项工程基本符合以上标准要求,分项工程得分 100 分,外观缺陷减分 1.7 ~ 2.5 分。 批准日期:2008 年 11 月 30 日		

国家交通安全设施质量监督检测中心

通信设施检测报告

报告编号:2008 - GJ - 024 - 02

<table>
<tr><td>分部工程名称</td><td>监 控 设 施</td><td>工程地点及桩号</td><td>大广线开封至通许段
K100 +000 ~ K164 +228</td></tr>
<tr><td>分部工程合同号</td><td>KTGS. JD</td><td>施工时间</td><td>2006 年 9 月 ~2006 年 11 月</td></tr>
<tr><td>单位工程名称</td><td colspan="3">大广线开封至通许段高速公路机电工程</td></tr>
<tr><td>建设项目名称</td><td colspan="3">大广线开封至通许段高速公路</td></tr>
<tr><td>施工(承包)单位</td><td colspan="3">中咨泰克交通工程有限公司</td></tr>
<tr><td>建设单位(业主)</td><td colspan="3">河南开通高速公路有限公司</td></tr>
<tr><td>监 理 单 位</td><td colspan="3">陕西公路交通科技开发咨询公司</td></tr>
<tr><td>工程概况</td><td colspan="3">大广线开封至通许段高速公路通信设备包括:(1)光纤用户接入网系统含1 个 OLT (ATM), 5 个 ONU, 1 个 REG, (2)270 门程控交换设备1 套。</td></tr>
<tr><td>检测时间</td><td colspan="3">2008 年 10 月 9 日至 2008 年 10 月 10 日</td></tr>
<tr><td>检测环境条件</td><td colspan="2">温度:(20 ~ 25)℃</td><td>湿度:(45 ~ 60)% RH</td></tr>
<tr><td>检测依据</td><td colspan="3">1. 国家交通行业标准《公路工程质量检验评定标准　第二册　机电工程》(JTG F80/2—2004)。
2. 工程合同文件(招投标文件、技术规范、联合设计文件等)、施工设计图纸</td></tr>
<tr><td>检测结论</td><td colspan="3">中咨泰克交通工程有限公司施工的大广线开封至通许段高速公路监控设施分部工程,依据交通行业标准《公路工程质量检验评定标准　第二册　机电工程》(JTG F80/2—2004)的质量评定要求,经本中心检测,通信设施分部工程各分项工程基本符合以上标准要求,分项工程得分 100 分,外观缺陷减分 1.6 ~ 3.7 分

批准日期:2008 年 11 月 30 日</td></tr>
</table>

国家交通安全设施质量监督检测中心

收费设施检测报告

报告编号:2008 - GJ - 024 - 03

分部工程名称	监 控 设 施	工程地点及桩号	大广线开封至通许段 K100 +000 ~ K164 +228
分部工程合同号	KTGS. JD	施工时间	2006 年 9 月 ~2006 年 11 月
单位工程名称	大广线开封至通许段高速公路机电工程		
建设项目名称	大广线开封至通许段高速公路		
施工(承包)单位	中咨泰克交通工程有限公司		
建设单位(业主)	河南开通高速公路有限公司		
监理单位	陕西公路交通科技开发咨询公司		
工程概况	大广线开封至通许段高速公路收费设施由收费车道设备、收费站设备、收费中心设备、闭路电视监视系统、内部有线对讲系统以及收费软件等组成,其中收费中心1 个,收费站3 个,收费车道17 个(入口车道7 个,出口车道10 个),广场摄像机 6 台。		
检测时间	2008 年 10 月 9 日至 2008 年 10 月 10 日		
检测环境条件	温度:(20 ~25)℃		湿度:(45 ~60)% RH
检测依据	1. 国家交通行业标准《公路工程质量检验评定标准　第二册　机电工程》(JTG F80/2—2004)。 2. 工程合同文件(招投标文件、技术规范、联合设计文件等)、施工设计图纸		
检测结论	中咨泰克交通工程有限公司施工的大广线开封至通许段高速公路监控设施分部工程,依据交通行业标准《公路工程质量检验评定标准　第二册　机电工程》(JTG F80/2—2004)的质量评定要求,经本中心检测,收费设施分部工程各分项工程基本符合以上标准要求,分项工程得分 100 分,外观缺陷减分 0.4 ~1.9 分 批准日期:2008 年 11 月 30 日		

主要检测仪器一览表

	序号	仪器设备名称	型号规格	产　地	出厂编号	设备编号
检测用主要仪器设备	1	10m 卷尺	10m	中国	/	M-021-11
	2	50m 卷尺	50m	中国	/	M-021-17
	3	秒表	Jin Que	中国	018152	M-031
	4	铅水平尺	701	中国	/	
	5	计数器	KW-trio2410	中国台湾	/	
	6	电子涂层测厚仪	HCC-24A	中国	9504044	
	7	照度计	ST-85	中国	02227	
	8	亮度计	BM-5	日本	80552245	
	9	绝缘测试仪	KYORITSU 3301	日本	GD0502	
	10	高精度数字万用表	DMM2850	日本	110315	
	11	接地电阻测试仪	ZC-8	中国	805879	
	12	声级计	TES 1350A	中国台湾	980305584	
	13	通信性能分析仪	HP37717C	美国	90414	
	14	光通信测量仪时基铷钟	TSR-37	德国	81700010	
	15	光测试套件	OLS/P/A-15	德国	2229/23	
	16	数据传输测试仪	DATA2 +	加拿大	ND751007	
	17	视频测量仪	VM700T	美国	B0430577	
	18	视频信号发生器	TSG271	美国	B044225	
	19	网络通信分析仪	10M-100M OPV-PRO	美国	/	
	20	线缆测试仪	LT8155	美国	8260523-8250058	
	21	测速雷达	Basic	美国	KE6736	
	22	LCR 电表	MIC-4070D	中国	40705050078